抽水蓄能电站安全设施
标准化图册
（通用篇）

国家电网有限公司　编

中国电力出版社

CHINA ELECTRIC POWER PRESS

图书在版编目（CIP）数据

抽水蓄能电站安全设施标准化图册 . 通用篇 / 国家电网有限公司编 . — 北京：中国电力出版社，2024. 2
ISBN 978-7-5198-8205-1

Ⅰ . ①抽… Ⅱ . ①国… Ⅲ . ①抽水蓄能水电站—安全设备—标准化管理—图集 Ⅳ . ① TV743-64

中国国家版本馆 CIP 数据核字（2023）第 192234 号

出版发行：中国电力出版社
地　　址：北京市东城区北京站西街 19 号（邮政编码 100005）
网　　址：http：//www.cepp.sgcc.com.cn
责任编辑：赵鸣志（010-63412385）　马雪倩
责任校对：黄　蓓　常燕昆
装帧设计：王红柳
责任印制：吴　迪

印　　刷：三河市万龙印装有限公司
版　　次：2024 年 2 月第一版
印　　次：2024 年 2 月北京第一次印刷
开　　本：787 毫米 ×1092 毫米　16 开本
印　　张：11.5
字　　数：271 千字
印　　数：0001—2000 册
定　　价：80.00 元

编 委 会

主　　任　潘敬东

副 主 任　孟庆强

委　　员　刘永奇　郭　炬　吴　骏　乐振春

编 写 组

组　　长　王胜军

副 组 长　陈海波　张学清　于　辉　刘　薇　刘　英　张志江

组　　员　苏　丛　黄　坤　王　凯　许　力　魏春雷　茹松楠

　　　　　高国庆　晏　飞　杨庆业　宋嘉城　李乐征　曹春春

　　　　　黄志超　罗　胤　张记坤　谢巨龙　范东飞　周献森

编写单位

主编单位　国家电网有限公司

参编单位　国网新源集团有限公司

　　　　　山西浑源抽水蓄能有限公司

　　　　　广州健新科技有限责任公司

　　　　　浙江宁海抽水蓄能有限公司

　　　　　浙江缙云抽水蓄能有限公司

　　　　　安徽桐城抽水蓄能有限公司

　　　　　河南洛宁抽水蓄能有限公司

　　　　　山东文登抽水蓄能有限公司

　　　　　江苏句容抽水蓄能有限公司

　　　　　安徽金寨抽水蓄能有限公司

　　　　　湖南平江抽水蓄能有限公司

　　　　　福建厦门抽水蓄能有限公司

　　　　　河北丰宁抽水蓄能有限公司

　　　　　内蒙古赤峰抽水蓄能有限公司

　　　　　山东泰山抽水蓄能电站有限责任公司

前言

为深入贯彻习近平总书记关于安全生产的一系列重要指示批示精神，严格落实党中央、国务院和相关部委安全生产决策部署，牢固树立"人民至上、生命至上"理念，坚持"安全第一、预防为主、综合治理"安全生产方针，执行国家电网有限公司安全生产标准化建设要求，落实抽水蓄能建设安全质量管控"六强化四提升"工作意见，大力推进抽水蓄能电站工程安全设施标准化建设，提升设备设施本质安全和作业环境器具标准化水平，国家电网有限公司编制了《抽水蓄能电站安全设施标准化图册（通用篇）》[以下简称《图册（通用篇）》]。

《图册（通用篇）》遵循"科学规范、简洁实用、经济合理、创新引领"原则，充分吸纳水电、建筑行业标准化建设方面的最新规范、要求，充分考虑国家电网有限公司抽水蓄能电站工程实践和相关创新成果，采用图文结合的形式编制形成。《图册（通用篇）》包括：总则、安全文化设施、安全文明施工设施、个人安全防护用品、安全标识、安全标志、安全警示线、附录八部分。

《图册（通用篇）》是国家电网有限公司抽水蓄能电站工程建设安全管理的重要指南文件，用以指导和规范抽水蓄能建设现场的安全文明施工，实现现场安全设施标准化、个人防护用品标准化、设施布置标准化、安全行为规范化和环境影响最小化，有利于规范安全设施配置、营造安全建设氛围、促进形成安全文化，对规范现场行为、控制安全风险、防范安全事故具有重要意义，是规模化建设新形势下提升安全工作水平的重要举措，将进一步筑牢安全生产基础，推动抽水蓄能建设"六精四化"上台阶，促进国家电网有限公司抽水蓄能高质量发展取得新成效。

编者

2023 年 12 月

目 录

抽水蓄能电站安全设施标准化图册（通用篇）

目录

抽水蓄能电站安全设施标准化图册（通用篇）

第 1 章

总则

1.1 编制原则

为进一步提升国家电网有限公司抽水蓄能电站安全文明施工水平，依据国家电网有限公司抽水蓄能电站安全设施管理制度和技术标准，结合抽水蓄能电站工程建设实际编制本书。

1.2 适用范围

本书适用于国家电网有限公司所属抽水蓄能电站的安全设施标准化建设。

1.3 管理要求

1.3.1 抽水蓄能电站建设单位要根据本书所规定的安全设施标准，在施工总平面布置时同步开展现场安全设施规划设计。

1.3.2 抽水蓄能电站参建单位进场后，组织开展标段工程安全设施标准化设计，履行报批手续；每年底在开展安全管理策划时，进一步细化安全设施标准化设计。

1.3.3 抽水蓄能电站参建单位要按照国家电网有限公司安全设施达标管理要求，对现场安全设施进行全过程管控。

1.3.4 安全设施的材质应考虑地域差异，根据现场实际情况进行选择。

2.1 企业标识

2.1.1 法人名称组合规范

1. 标识说明与尺寸

（1）企业名称组合，是企业视觉识别系统最基本元素的规范组合。为保证企业视觉识别系统对外的一致性，本书对企业标识与企业名称的各种组合，包括字体、位置、距离、大小等作出规定，建立标准化的基本设计要素组合形式。

（2）"国家电网"中文与下属单位中文名称大小、"STATE GRID"英文与企业英文名称大小按照《国家电网有限公司标识应用手册》相关要求执行。

2. 参考图例

法人名称组合规范示例图如图 2-1 所示。

图 2-1　法人名称组合规范示例图

2.1.2 中文全称标准字体

1. 说明要求

中文全称标准字体是以方正大黑体为基本设计，标准字体颜色为绿色。所属各参建单位在使用时，应严格按照《国家电网有限公司标识应用手册》相关要求执行，不得随意更改。

2. 参考图例

中文全称标准字体示例图如图 2-2 所示。

国家电网有限公司
国网新源集团有限公司

图 2-2　中文全称标准字体示例图

2.1.3　标准色彩

1. 色彩要求

企业的标准色彩分为主色和辅助色。企业的主色彩，是企业视觉系统最常出现的色彩。色彩的应用在设计与使用环节中会受到许多因素影响，为避免因颜色的偏差而影响标志的视觉效果，企业标准色彩按国际印刷业最通用的潘通色卡（PANTONE）、四色印刷（CMYK）色彩标准设定。

2. 参考图例

标准色彩示例图如图 2-3 所示。

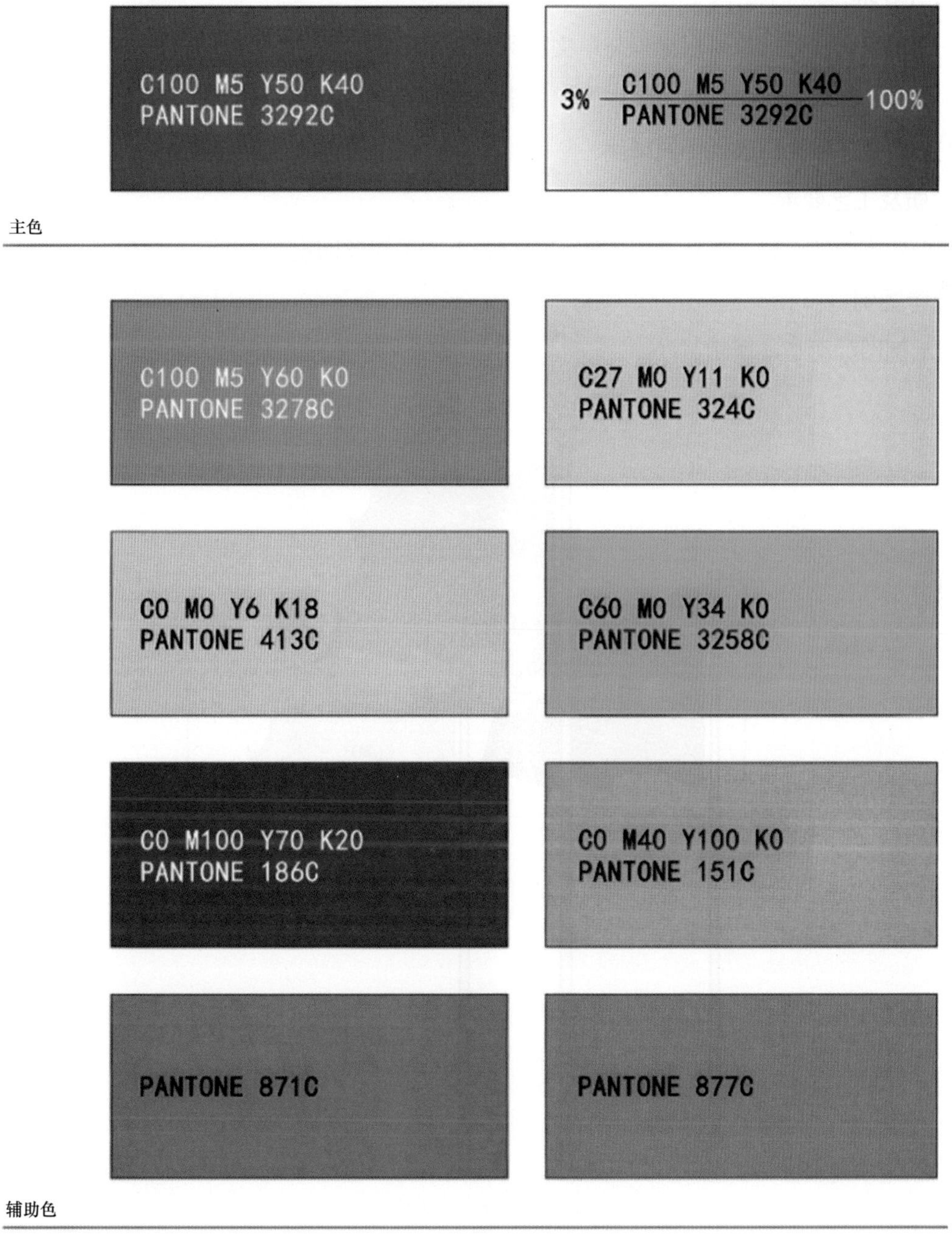

图 2-3　标准色彩示例图（主色及辅助色）

2.2 旗帜

1. 规范要求

国旗制法与使用遵照《中华人民共和国国旗法》。

2. 布置要求

设点修筑旗台，按规定要求升挂国旗，公司旗和安全旗。并定期检查，对存在污损的旗帜进行更换。

3. 尺寸要求

（1）标识组合：公司旗采用标识与中文简称组合（中置式）。

（2）尺寸（mm）：1 号旗 2880×1920/2 号旗 2400×1600/3 号旗：1920×1280。

（3）公司旗一般比国旗低半面国旗。

4. 材质及工艺要求

国旗采用富丽纺面料，旗杆采用不锈钢钢材；工艺采用丝网水印。

5. 参考图例

旗帜示例图如图 2-4 所示。

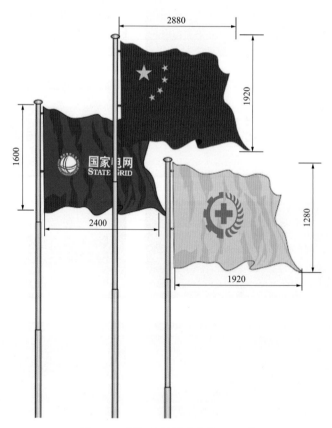

图 2-4　旗帜示例图（单位：mm）

2.3　户外宣传牌

1. 规范要求

本节依据 AQ/T 9004《企业安全文化建设导则》、AQ/T 9005《企业安全文化建设评价准则》《电力安全文化建设指导意见》（国能发安全〔2020〕36 号）、《国家电网有限公司企业文化建设工作指引》等要求编制。

2. 布置要求

（1）在进入办公区道路口合适位置设置双立柱大型宣传牌，牌子为双面设置，主要用于企业理念、安全、环保等宣传。

（2）户外宣传牌应确保牢固、醒目。

3. 尺寸要求

（1）户外宣传牌尺寸不宜小于（mm）：10000（长）×4500（宽）。

（2）面板底端离地距离为 6000mm，立柱埋地深度不小于 2500mm。

4. 材质要求

户外宣传牌采用双立柱结构，钢型立柱选用圆钢或方钢，直径不小于 200mm。

5. 参考图例

户外宣传牌示例图如图 2-5 所示。

图 2-5　户外宣传牌示例图（单位：mm）

2.4 路灯宣传牌

1. 规范要求

本节依据 AQ/T 9004《企业安全文化建设导则》、AQ/T 9005《企业安全文化建设评价准则》《电力安全文化建设指导意见》（国能发安全〔2020〕36 号）、《国家电网有限公司企业文化建设工作指引》等要求编制。

2. 布置要求

（1）路灯宣传牌设置于入场道路两侧高杆路灯上，灯杆左侧是"安全生产，以人为本"等安全标语，灯杆右侧是企业标识。

（2）宣传牌应确保牢固、醒目。定期检查，对存在污损的宣传牌进行清理与更换。

3. 尺寸要求

尺寸不小于 300mm（宽）×800mm（高），板面离地面不低于 2000mm。

4. 参考图例

路灯宣传栏示例图如图 2-6 所示。

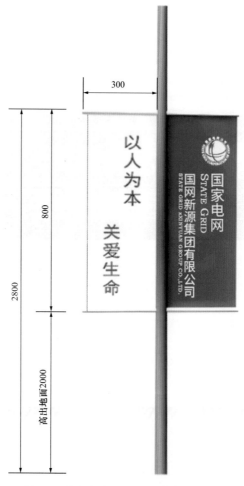

图 2-6　路灯宣传栏示例图（单位：mm）

2.5 安全提示牌

1. 规范要求

本节依据 AQ/T 9004《企业安全文化建设导则》、AQ/T 9005《企业安全文化建设评价准则》《电力安全文化建设指导意见》(国能发安全〔2020〕36 号)、《国家电网有限公司企业文化建设工作指引》等要求编制。

2. 布置要求

(1)各施工单位应在风险区域现场设置安全提示板,明确作业内容、存在的风险、风险等级、主要管控措施及负责人。

(2)牌面内容根据实际情况进行更新调整。

3. 尺寸要求

安全提示板尺寸不低于 800mm(宽)×600mm(高)。

4. 材质要求

(1)采用不低于 3mm 铝塑板或镀锌钢板制作。

(2)面板文字(或图画)贴膜为车身贴覆亚膜或优质保丽布,油墨喷绘。

5. 参考图例

安全提示板示例图如图 2-7 所示。

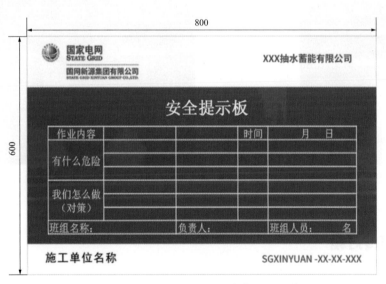

图 2-7 安全提示板示例图(单位:mm)

2.6 电子显示屏

1. 规范要求

本节依据 AQ/T 9004《企业安全文化建设导则》、AQ/T 9005《企业安全文化建设评价准则》《电力安全文化建设指导意见》（国能发安全〔2020〕36号）、《国家电网有限公司企业文化建设工作指引》等要求编制。

2. 布置及功能要求

（1）立柱基础用混凝土浇筑，并采用焊接或高强度螺栓连接。

（2）吊装框架与立柱焊接牢固可靠后悬挂显示屏。

（3）确保牢固、醒目，定期检查与维护、保养。

（4）显示屏具有实时显示洞内施工工序、洞内车辆数量、人员数量与名字及气体检测数据等功能。

3. 尺寸要求

显示屏尺寸：根据现场实际情况而定，可成品采购。

4. 材质要求

（1）显示屏采用双立柱结构。

（2）钢型立柱可选用圆钢或方钢，直径不小于200mm。

（3）上墙等显示屏，可根据现场实际情况而定。

5. 参考图例

显示屏效果示例图如图2-8所示，显示屏示例图如图2-9所示。

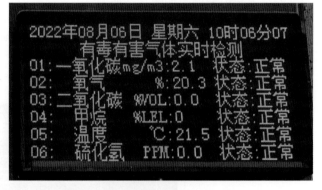

图2-8　显示屏效果示例图　　　　　　　图2-9　显示屏示例图

2.7　高亮度宣传灯箱

1. 规范要求

本节依据AQ/T 9004《企业安全文化建设导则》、AQ/T 9005《企业安全文化建设评价准则》《电力安全文化建设指导意见》（国能发安全〔2020〕36号）、《国家电网有限公司企业文化建设工作指引》等要求编制。

2. 布置要求

（1）高亮度宣传灯箱布置于现场观礼台、上下库及各洞室出入口显著位置，定期进行检查与维护、保养。

（2）宣传内容根据实际情况进行更新。

3. 尺寸要求

具体尺寸根据现场实际情况确定，可成品采购。

4. 材质要求

（1）板面骨架：不低于现场最低安全要求，宜采用铝合金。

（2）表面：UI 软膜、亚克力板。

（3）灯：LED 防潮防爆灯珠。

5. 参考图例

高亮度宣传灯箱示例图如图 2-10 所示。

图 2-10　高亮度宣传灯箱示例图

2.8　安全文化宣传牌

1. 规范要求

本节依据 AQ/T 9004《企业安全文化建设导则》、AQ/T 9005《企业安全文化建设评价准则》《电力安全文化建设指导意见》（国能发安全〔2020〕36 号）、《国家电网有限公司企业文化建设工作指引》等要求编制。

2. 布置要求

安全文化宣传牌设置于办公及生产区显著位置，牌面内容根据实际情况进行更新调整。

3. 尺寸要求

整体尺寸不少于 1800mm（宽）×2200mm（高）；牌面尺寸比例不宜小于 16∶9。

4. 材质要求

立柱采用不锈钢制作或根据现场实际情况进行制定。

5. 参考图例

安全宣传牌示例图如图 2-11 所示。

图 2-11　安全宣传牌示例图（单位：mm）

2.9　十不干宣传牌

1. 规范要求

本节依据 AQ/T 9004《企业安全文化建设导则》、AQ/T 9005《企业安全文化建设评价准则》《电力安全文化建设指导意见》（国能发安全〔2020〕36 号）、《国家电网有限公司企业文化建设工作指引》等要求编制。

2. 布置要求

布置于施工现场显著位置，用于宣传基建现场违章行为、职业健康危害告知、农民工劳动权益告示等内容。

3. 尺寸要求

整体尺寸不少于 2000mm（宽）×2500mm（高）；牌面尺寸比例不宜小于 16 ∶ 9，版面设计参考示例图。

4. 材质要求

采用不锈钢制作或根据现场实际情况进行制定。

5. 参考图例

现场作业"十不干"宣传牌示例图如图 2-12 所示。

图 2-12　现场作业"十不干"宣传牌示例图（单位：mm）

第 3 章

安全文明施工设施

3.1　临边、孔洞防护

3.1.1　围栏

3.1.1.1　固定围栏

1. 规范要求

本节依据 DL/T 5370《水电水利工程施工通用安全技术规程》、DL 5162《水电水利工程施工安全防护设施技术规范》编制。

2. 布置要求

（1）固定式安全围栏主要布置于高处临边作业，以及施工中形成的平台、人行通道、升降口、闸门槽等有坠落危险且需要配置固定防护遮拦的作业场所。

（2）安全围栏上对区域内主要涉及的作业风险悬挂或张贴当心坠落、禁止抛物、禁止跨越等标志牌，防护栏杆与安全标志牌、施工单位标志牌配合使用。

（3）扶手离地高度为 1200mm，坡度大于 25° 时，防护栏应加高至 1500mm，踢脚板高度不小于 200mm，踢脚板厚度不小于 2mm。

（4）长度小于 10000mm 的防护栏杆，两端应设置斜杆，长度大于 10000mm 的防护栏杆，每 10000mm 段至少设置两根斜杆，斜杆材料尺寸与围栏相同。

（5）立杆间距大于或等于 2000mm 时，挡脚板需增加骨架。

（6）栏杆上涂红白相间安全色，色带宽 300mm。

（7）挡脚板根据施工现场实际需要提高高度，防止物料、设备等滚落。

（8）在坚固的混凝土面固定时，埋地不少于 300mm 或根据现场实际情况进行装置。用预埋件与钢管或钢筋立柱焊接和采用螺栓连接。

（9）在操作平台、通道、栈桥等处固定时，应与平台、通道杆件焊接或绑扎牢固。

（10）通风井、电梯井口应采用网片式或格栅式做好安全防护。防护栏高不低于 1800mm，具备条件区域建议对通风井、电梯井口进行全封闭防护，防护栏宽度根据现场实际情况确定。

（11）在通风井、电梯井口防护门底部安装不低于 200mm 高踢脚板，防护门外侧张贴或悬挂"当心坠落""禁止攀越""禁止抛物"等警示牌。

3. 尺寸要求

固定围栏结构示例图如图 3-1 所示。

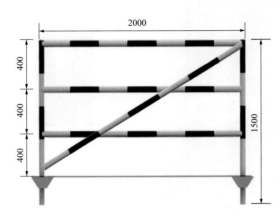

图 3-1　固定围栏结构示例图（单位：mm）

4. 材质要求

固定围栏尺寸示例表见表 3-1。

表 3-1 固定围栏尺寸示例表

序号	名称	规格（mm）	材质
1	立杆	$\phi 50 \times 3.5$	Q235
2	扶手	$\phi 50 \times 3.5$	Q235
3	横杆	$\phi 50 \times 3.5$	Q235
4	踢脚板	2mm 厚钢板	Q235
5	栏杆	$\phi 50 \times 3.5$	Q235

5. 参考图例

固定围栏示例图如图 3-2 所示，通风井、电梯井安全防护示例图如图 3-3 所示。

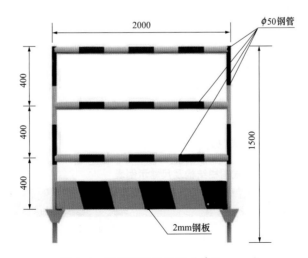

图 3-2　固定围栏示例图（单位：mm）

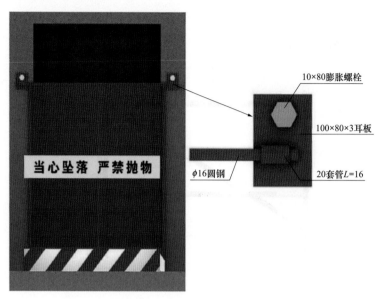

图 3-3　通风井、电梯井安全防护示例图（单位：mm）

3.1.1.2　活动式围栏

1. 规范要求

本节主要依据 DL/T 5370《水电水利工程施工通用安全技术规程》、DL 5162《水电水利工程施工安全防护设施技术规范》编制。

2. 布置要求

（1）活动式安全围栏用于施工过程中大小坑洞、升降口、安全通道、设备保护、危险场所的区划和警戒，以及临时打开的平台、地沟、孔洞盖板周围。

（2）活动围栏高度不低于 1200mm。

（3）活动围栏的高度和间隙应满足防护要求，装设应牢固可靠。

（4）临时遮拦的离坡坎、孔、洞口边缘距离不小于 1200mm，防止坠落。

（5）安全围栏应与警告牌配合使用。

（6）当临空边沿下方有人作业或通行时，应封闭底板，并在防护栏杆下部设置高度不低于 200mm 的踢脚板。

3. 尺寸要求

活动式围栏示例图如图 3-4 所示。

4. 材质要求

活动式围栏结构及尺寸示例表见表 3-2。

表 3-2　　　　　　　　　　　　活动式围栏结构及尺寸示例表

序号	名称	规格（mm）	材质
1	扶手	$\phi 48 \times 3.5$	Q235
2	立柱	$\phi 48 \times 3.5$	Q235

序号	名称	规格（mm）	材质
3	（上）下横梁	$\phi48 \times 3.5$	Q235
4	插管	$\phi16$ 钢管	Q235
5	套管	$\phi20 \times 3.5$	Q235
6	栏杆	$\phi16$ 钢管	Q235
7	立柱地脚	$\phi48 \times 3.5$	Q235

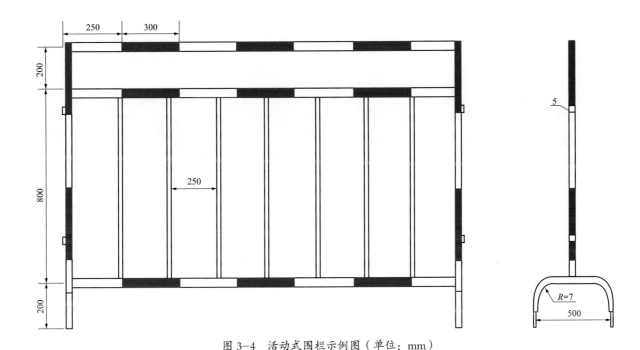

图 3-4　活动式围栏示例图（单位：mm）

5. 参考图例

活动式围栏示例图如图 3-5 所示，隔离式围栏示例图如图 3-6 所示。

3.1.1.3　区间隔离围挡墙

1. 规范要求

本节依据 DL/T 5370《水电水利工程施工通用安全技术规程》、DL 5162《水电水利工程施工安全防护设施技术规范》编制。

2. 布置要求

（1）区间隔离围挡墙布置于相对固定的安全通道、设备保护、危险场所等区域，用于区域的划分和警戒。

（2）区间隔离围挡墙应与警示牌、企业标志、标语等配合使用。

图 3-5　活动式围栏示例图

图 3-6　隔离式围栏示例图

3.尺寸要求

根据现场使用要求确定。

4.参考图例

区间隔离围墙示例图如图 3-7 所示，隔离式围墙示例图如图 3-8 所示。

图 3-7　区间隔离围墙示例图

图 3-8　隔离式围墙示例图

3.1.2　盖板

3.1.2.1　孔洞盖板

1. 规范要求

本节依据 DL/T 5370《水电水利工程施工通用安全技术规程》、DL 5162《水电水利工程施工安全防护设施技术规范》编制。

2. 布置要求

（1）孔洞盖板主要适用于生产现场会造成人员伤害或物品坠落的孔洞。

（2）孔洞盖板应为防滑板，与地面齐平坚固有限位，1000mm 及以下的孔洞盖板四周搭接距离不小于 100mm，1000mm 以上盖板应设置足够强度的加强筋。

（3）厂房通风井、电梯井等部位的临时盖板，盖板设计应充分考虑施工荷载，精准复核盖板承载力，并设有限重标识或承载力标注，保障盖板与墙体的搭接空间；可设置拉手。

（4）施工揭开孔洞盖板时，应在四周区域设置围栏和警告牌，夜间应设置警示灯，工作结束后及时恢复现场。

（5）应定期检查与维护，对存在污损的盖板进行清理或更换。

3. 材质与承载要求

面板宜采用不低于 5mm 厚的 Q235 花纹钢板制作；边角钢条采用 Q235，盖板下方适当位置不少于 4 块限位块，刷黄黑油漆。需要复核盖板承载力。

4. 参考图例

孔洞盖板示例图如图 3-9 所示，多功能吊物孔洞盖板示例图如图 3-10 所示，厂房大型吊物孔盖盖板示例图如图 3-11 所示。

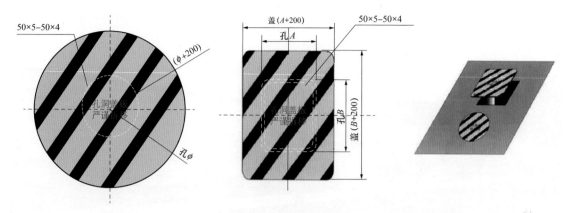

图 3-9　孔洞盖板示例图

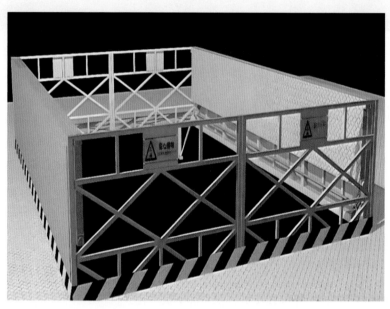

图 3-10　多功能吊物孔洞盖板示例图

图 3-11　厂房大型吊物孔盖盖板示例图

3.1.2.2　沟道盖板

1. 规范要求

本节依据 DL/T 5370《水电水利工程施工通用安全技术规程》、DL 5162《水电水利工程施工安全防护设施技术规范》编制。

2. 布置要求

（1）沟道盖板适用于短边 1000mm 以下的沟道临时封闭以及需要封闭的沟道。

（2）沟道盖板承受荷载时，应经计算确定，承载力不应小于最大压力的 2 倍。

（3）沟道盖板上宜标示国家电网有限公司标识或项目名称。

（4）应定期检查与维护，对存在污损的盖板进行清理或更换。

3. 尺寸要求

（1）沟道盖板大小根据实际情况进行制作。

（2）禁止阻塞线采用由左下向右上侧呈 45° 黄色的等宽条纹，宽度不小于 100mm。

4. 材质要求

沟道盖板可采用工厂预制的混凝土盖板或伸缩式钢盖板，刷黄色油漆，具体根据现场实际情况确定。

5. 参考图例

沟道盖板示例图如图 3-12 和图 3-13 所示。

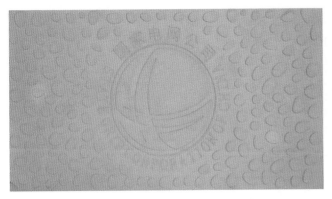 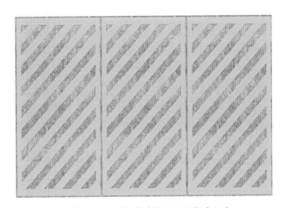

图 3-12　沟道盖板示例图（一）　　　　　　图 3-13　沟道盖板示例图（二）

3.1.3 爬梯及通道

3.1.3.1 可拆卸固定式钢爬梯

1. 规范要求

本节依据 GB 4053.1《固定式钢梯及平台安全要求　第 1 部分：钢直梯》编制。

2. 布置要求

（1）主要布置于与水平面呈 75° ～ 90° 倾角、随工程的进度可能随时需拆卸的场所或部位，主要构件为钢材制造的直爬梯。爬梯高于 2100mm 的部位应设置护笼，横梁下方应设置黄黑相间防撞警示线。

（2）钢梯应采用焊接连接，焊接应符合相关要求。如采用其他方式连接时，连接强度不应低于焊接强度。安装后的梯子不应有歪斜、扭曲、变形及其他缺陷。

（3）安装在固定结构上的爬梯，应下部固定，其上部的支撑与固定结构牢固连接，在梯梁上开设长圆孔，采用螺栓连接。

（4）在室外安装的钢爬梯和连接部分的雷电保护，应符合连接和接地要求。

（5）当护笼用于多段梯时，每个梯段与相邻的梯段水平交错应有足够的间距，设有适当空间的安全进、出引导平台，以保护使用者的安全。梯段水平交错布置，并设梯间休息平台。

（6）在可预见的打滑、坠落等风险时，应装设防坠器及对踏棍采取防滑措施。

（7）护笼宜采用圆形结构，应包括一组水平笼箍和至少 5 根立杆，立杆间距不应大于 300mm，护笼各构件形成的最大空隙不应大于 0.4m^2。

3. 尺寸要求

尺寸如图 3-14～图 3-16 所示。

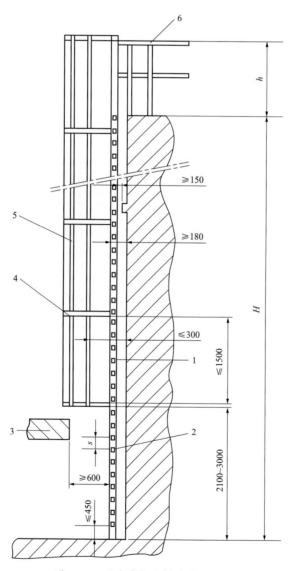

图 3-14　固定式钢爬梯效果示例图

1—梯梁；2—踏棍；3—非连续障碍；4—护笼笼箍；5—护笼立杆；6—栏杆；H—梯段高；h—栏杆高；s—踏棍间距；
$H \leqslant 15\,000$；$h \geqslant 1050$；$s = 225 \sim 300$

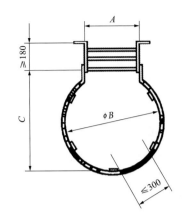

图 3-15 护笼中间笼箍尺寸效果示例图　　图 3-16 护笼顶部笼箍尺寸效果示例图

A=400 ～ 600；B=650 ～ 800；C=650 ～ 800

4. 材质要求

钢直梯采用钢材，性能不应低于 Q235-B；支撑采用角钢、钢板或钢板。

5. 参考图例

固定爬梯效果示例图如图 3-17 所示。

图 3-17 固定爬梯效果示例图

3.1.3.2 移动式梯子

1. 规范要求

本节依据 GB/T 17889.1《梯子 第 1 部分：术语、型式和功能尺寸》编制。

2. 布置要求

（1）移动式梯子宜用于高度在 4000mm 以下的短时间内可完成的作业。

（2）梯子应有专人负责保管、维护及修理，使用前应检查梯子的完好状态，检查梯子应有的合格标签。

（3）梯子搁置应稳固，梯脚应有可靠防滑措施，顶端应与构筑物靠牢，在松软地面使用时，应有防陷、防侧倾的措施。

（4）在装置中的临边地区作业时，禁止使用挪动式梯子。使用挪动式梯子作业，不得单人作业，应有专人进行监护和扶助。作业人员应系好安全带。

（5）严禁手拿工具或器材上下，在梯子上作业应备工具袋，严禁两人同在一个梯子上作业，梯子的最高两档不得站人。梯子不得接长或垫高使用，如接长时，应连接牢固并加设支撑，梯子严禁搁置在悬挂式吊架上，在通道上使用时，应设专人监护或设置临时围栏。

（6）梯子按规范要求采取绝缘与限高措施。

（7）在转动机械附近使用时，应采取隔离防护措施。

3. 参考图例

移动式梯子示例如图 3-18 所示。

图 3-18 移动式梯子示例图

3.1.3.3　旋转爬梯

1. 规范要求

本节主要依据 GB 2894《安全标志及其使用导则》、GB 4053.3《固定式钢梯及平台安全要求　第 3 部分：工业防护栏杆及钢平台》编制。

2. 布置要求

（1）旋转爬梯主要用于登高作业场所，作为临时梯子，应方便拆卸。

（2）作业人员在旋转爬梯上作业时，应有防倾倒措施。

（3）旋转爬梯入口应悬挂限载及安全警示标牌，多个标志牌在一起设置时，应按警告、禁止、指令、提示类型的顺序，先左后右、先上后下地排列。

3. 尺寸要求

可根据现场实际情况设置高度，旋转楼梯立柱尺寸应采用不小于 50mm × 50mm × 4mm 角钢或外径 30 ～ 50mm 钢管。

4. 材质要求

成品采购，钢材性能不低于 Q235。

5. 参考图例

旋转爬梯示例图如图 3-19 所示。

图 3-19　旋转爬梯示例图

3.1.3.4 钢斜梯

1. 规范要求

本节依据 GB 4053.2《固定式钢梯及平台安全要求　第 2 部分：钢斜梯》编制。

2. 布置要求

（1）钢斜梯主要布置在有坡度、需要进行上下作业的施工区域，适用于坡度小于 45° 的临时短距上下通道，角度根据实际情况调整，保持踏步水平。

（2）钢斜梯栏杆应与建筑结构固定，每段栏杆两头立杆可采用套管底座与建筑结构固定。

（3）钢斜梯采用焊接连接，焊接要求应符合 GB 50205《钢结构工程施工质量验收标准》规定；采用其他方式连接时，连接强度不应低于焊接；安装后的梯子不应有扭曲、变形及其他缺陷。

（4）钢斜梯与附在设备上的平台梁相连接时，连接处应采用长圆孔的螺栓连接。

3. 尺寸要求

扶梯护栏高度为 1200mm，立杆间距 1800mm，踢脚板高度不低于 200mm，踢脚板厚度不小于 2mm。

4. 材质要求

（1）扶手材质为圆形管材，支撑扶手的立柱采用角钢。中间栏杆采用圆钢或扁钢。踏板采用不少于 20mm 厚钢板和不少于 40mm 厚木板，并采用防滑措施。

（2）踢脚板材质为 2mm 厚钢板，涂刷黄黑油漆。

5. 参考图例

钢斜梯示例图如图 3-20 所示。

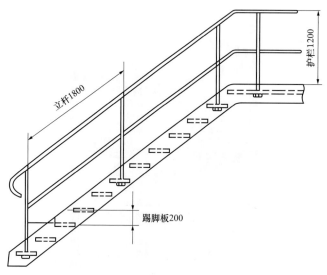

图 3-20　钢斜梯示例图（单位：mm）

3.1.3.5 排架安全爬梯

1. 规范要求

本节依据 GB 4053.3《固定式钢梯及平台安全要求　第 3 部分：工业防护栏杆及钢平台》、GB

50205《钢结构工程施工质量验收标准》编制。

2. 布置要求

（1）排架安全爬梯宜采用钢跳板，严禁使用竹跳板。

（2）排架安全爬梯适用于大型排架中人员的上下通道及登高作业。一个单元排架应设置两个安全爬梯（即通道），且设置于排架的两端。栏杆参考防护栏杆标准制作。

（3）排架下方有人员作业时，爬梯周围需布置安全立网并设踢脚板，通道口设置"从此上下""脚手架验收牌"及其他安全标志牌。

3. 尺寸要求

休息平台宽度为 1000 ～ 1200mm。踏步高度 150mm，宽度 700 ～ 1200mm。单级梯内行走人员不超过 3 人，楼梯角度为 45° ～ 60°。

4. 材质要求

扶手采用钢管，踏步采用钢板或木板，踢脚板采用钢板。

5. 参考图例

排架安全爬梯示例图如图 3-21 所示。

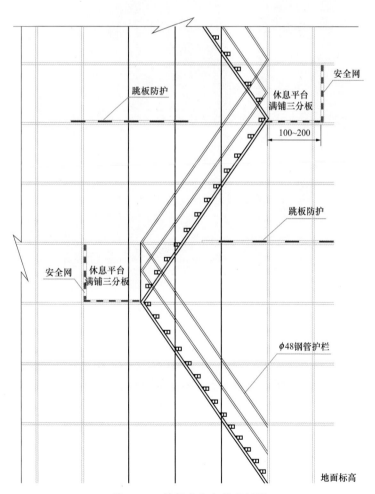

图 3-21　排架安全爬梯示例图

3.1.3.6 上下安全通道

1. 规范要求

本节依据 DL/T 5370《水电水利工程施工通用安全技术规程》编制。

2. 布置要求

（1）上下安全通道主要布置于需要临时上下通行的区域。

（2）上下安全通道结构应专项设计，上下安全通道使用踏步或走道板，踏步或走道板材质用钢板或木板，且有防滑和防大风安全措施，定期对安全通道进行安全检查。

（3）上下安全通道宽度宜不小于1000mm，栏杆必要时装设踢脚板。

（4）根据现场实际上下安全通道应按规范要求采取限载提示与措施。

3. 尺寸要求

防护栏杆高 1200mm，踢脚板高度不小于 200mm，踢脚板、钢板或木板厚度满足标准要求。

4. 参考图例

上下安全通道示例图如图 3-22 所示，上下安全通道尺寸及材质示例表见表 3-3。

图 3-22　上下安全通道示例图

表 3-3　　　　　　　　　　　　　上下安全通道尺寸及材质示例表

序号	名称	规格（mm）	材质
1	立柱	$\phi 48 \times 3.5$	Q235
2	扶手	$\phi 48 \times 3.5$	Q235
3	横杆	$\phi 48 \times 3.5$	Q235
4	踢脚板	2mm 厚钢板	钢质

续表

序号	名称	规格（mm）	材质
5	栏杆	$\phi 48 \times 3.5$	Q235
6	走道板	50mm 木板	木质

3.1.3.7　跨越式安全通道

1. 规范要求

本节主要依据 DL/T 5370《水电水利工程施工通用安全技术规程》编制。

2. 布置要求

（1）根据现场实际搭设桥型或平行跨越式安全通道。

（2）跨越式安全通道布置防雷措施。其有障碍或高空须跨越部位，采取防大风安全措施。

（3）两侧栏杆参考安全栏杆标准制作，平台根据荷载进行设计，应牢固可靠。

（4）跨越式安全通道应与警告牌、限载标志、企业标志、标语等配合使用。

3. 尺寸要求

护栏高 1200mm，踢脚板高度不小于 200mm。

4. 材质要求

扶手采用钢管，中间栏杆采用扁钢或圆钢，立柱采用角钢或钢管，踢脚板采用钢板。

5. 参考图例

跨越式安全通道示例图如图 3-23 所示。

图 3-23　跨越式安全通道示例图

3.1.3.8 脚手架"之字形"斜道

1. 规范要求

本节依据 GB 4053.3《固定式钢梯及平台安全要求　第3部分：工业防护栏杆及钢平台》、GB 50057《建筑物防雷设计规范》、GB 55023《施工脚手架通用规范》、GB 50205《钢结构工程施工质量验收标准》编制。

2. 布置要求

（1）脚手架"之字形"斜道布置于大型脚手架、建筑物无上下通道的场所。斜道两侧及平台外围应设置栏杆及踢脚板。

（2）拐弯处应设置平台，其宽度宜大于斜道宽度；斜道应与脚手架或建筑物连搭牢固，斜道外侧挂密目网防护；通道口上方应搭设安全隔离防护棚或出入安全通道。

（3）脚手架应按 GB 50057《建筑物防雷设计规范》设置防雷接地，在雷雨季节时设避雷装置。

3. 尺寸要求

防护栏杆高度为1200mm，踢脚板高度不小于200mm；人行道宽度不宜小于1000mm，坡度宜采用 1 ：3。

4. 材质要求

扶手采用钢管，中间栏杆采用扁钢或圆钢，立柱采用角钢或钢管，踢脚板采用钢（木）板。

5. 参考图例

"之字形"脚手架斜道整体结构示例图如图3-24所示。

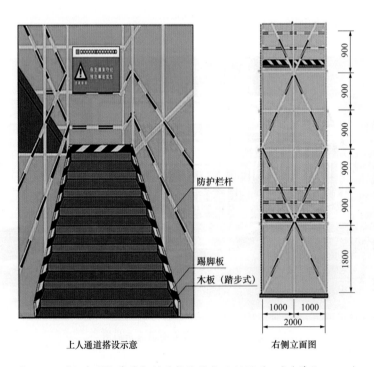

图 3-24　"之字形"脚手架斜道整体结构示例图（一）（单位：mm）

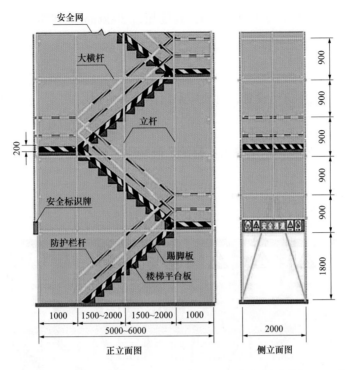

图 3-24　"之字形"脚手架斜道整体结构示例图（二）（单位：mm）

3.1.3.9　脚手架安全通道

1. 规范要求

本节依据 JGJ 130《建筑施工扣件式钢管脚手架安全技术规范》、GB 15831《钢管脚手架扣件》、GB 55023《施工脚手架通用规范》编制。

2. 布置要求

（1）脚手架安全通道布置于脚手架、井架、大坝廊道等出入口或上部有交叉施工作业、高边坡等出入口、存在危险隐患等部位。

（2）安全通道应采用建筑钢管扣件脚手架或其他型钢材料搭设。

（3）安全通道及防护棚的顶部严密铺设双层正交竹串片脚手板或双层正交不低于 18mm 厚木模板的水平硬防护及封闭的防护栏或挡板，整体应能承受 10kPa 的均布静荷载。塔式起重机主要经行线路、转料平台、卸料平台落物曲线范围内的安全通道及防护棚顶部严密铺设双层正交不低于 50mm 厚木板。

（4）安全通道应设置双道防护层，防护层宜使用钢板或木板，通道两侧应防护严密。

（5）安全通道内两侧宜设置安全宣传栏、安全标语牌、文明施工责任区域牌等内容。上方应设置安全标志牌，通道口严禁堵塞或堆放物料。

（6）特别重要或大型的安全通道、防护棚及悬挑式防护设施应制定专项技术方案，并应经过项目负责人审查及按相关规定程序报审批准。

（7）安全通道净空高度和宽度应根据通道所处位置及人、车通行要求确定，高度不低于 3500mm，宽度不小于 3000mm。高度在 15m 以下建筑物，其进出口通道长度不短于 3000mm，高度在 15 ～ 30m

的建筑物，其进出口通道长度不短于 4000mm，高度超过 3000mm 的建筑物，其进出口通道长度不小于 5000mm。通道长度自脚手架外排立铺起算。

3. 尺寸要求

安全通道应根据现场实际进行设置，材质应采用圆钢或角钢。

4. 材质要求

棚架采用 Q235 钢材，安全网采用维纶、棉纶、高强丝，顶棚采用木质或竹质。

5. 参考图例

安全通道示例图如图 3–25 所示。

图 3–25　安全通道示例图

3.1.3.10　安全网

1. 规范要求

本节依据 GB 5725《安全网》编制。

2. 布置要求

（1）适用于存在人、物坠落危害的部位。

（2）高处作业部位的下方应挂安全网；当建筑物高度超过 4000mm 时，应设置一道随墙体逐渐上升的安全网，以后每隔 4000mm 再设一道固定安全网，网内缘与墙面间隙要小于 150mm；网最低点与下方物体表面距离要大于 3000mm。安全网架设所用的支撑，木杆的小头直径不得小于 70mm，竹竿小头直径不得小于 80mm，撑杆间距不得大于 4000mm。

（3）平网宽度不得小于 3000mm，立网宽（高）度不得小于 1200mm，密目式安全立网宽（高）度不得小于 1200mm。

（4）密目式安全立网上的每个扣眼都应穿入符合规定的纤维绳，系绳绑在支撑物或架上，应连接牢固。

（5）防护网应有检验证件，并通过耐贯穿试验；筋绳分布合理，单绳拉力大于 1600N，耐冲压 500J，静态承重 300kg。

（6）使用前应检查安全网是否有腐蚀及损坏情况。施工中要保证安全网完整有效、支撑合理，受力均匀，网内不得有杂物。搭接要严密牢靠，不得有缝隙，搭设的安全网不得在施工期间拆移、损坏，应到无高处作业时方可拆除。施工结束应立即按规定要求由施工单位恢复，并经搭设单位检查合格后方可使用。

（7）应定期检查与清理网内杂物，在网上方实施焊接作业时，应采取防止焊接火花落在网上的有效措施。

（8）安全网在使用前应检查，并有跟踪使用记录，不符合要求的安全网应及时处理。安全网在不使用时，应妥善地存放、保管，防止受潮发霉。

（9）扣件式脚手架宜采用钢跳板，严禁使用竹跳板。

（10）安全网应具有阻燃性，其续燃、阴燃时间不得大于 4s。

3. 材质要求

产品采购，符合 GB 5725《安全网》物理性能和耐候性能要求。

4. 参考图例

安全网示例图如图 3-26 和图 3-27 所示。

图 3-26　安全网示例图（一）

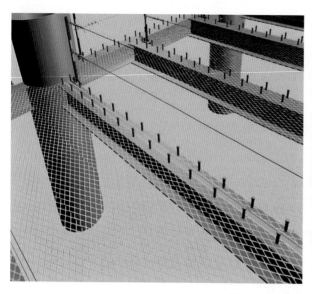

图 3-27　安全网示例图（二）

3.2　消防设施

3.2.1　总体要求

本节依据 GB 50720《建设工程施工现场消防安全技术规范》编制，总体要求如下：

（1）施工现场应设置临时消防车道，临时用房和在建工程应采取可靠的防火分割和安全疏散等防火技术措施。

（2）施工现场应设置灭火器、临时消防给水系统和应急照明等临时消防设施。

（3）临时消防设施应与在建工程的施工同步设置，房建工作中，临时消防设施的设置与在建工程主体结构施工进度的差距不应超过 3 层。

（4）在建工程可利用已具备使用条件的永久性消防设施作为临时消防设施。当永久性消防设施无法满足使用要求时，应增设临时消防设施。

（5）在焊接、切割、动火、化学灌浆等高风险作业及危化品库、档案室等重点防火区域应布置符合要求的消防设备设施。

（6）已布置临时消防给水系统的区域，储水池、消防栓泵、室内消防竖管及水泵接合器等应设置醒目标识。

（7）消防设施标志应依据现场环境，设置在显眼位置，不应设置在本身移动后可能遮盖标志的物体上，同样也不应该设置在容易被移动物体的遮盖地方。应结合施工的实际情况，按工作的进展对现场的消防标志进行完善工作。

（8）消防设施标志应在 GB 13495《消防安全标志》中选用，按照 GB 15630《消防安全标志设置要求》设置，标志可涂反光漆。

3.2.2　灭火器

1. 规范要求

本节依据 GB 13495.1《消防安全标志　第 1 部分：标志》、GB 50720《建设工程施工现场消防安全技术规范》、GB 50140《建筑灭火器配置设计规范》编制。

2. 布置要求

（1）灭火器主要布置于易燃易爆危险品存放及使用场所、动火作业场所、可燃材料存放、加工及使用场所、厨房操作间、发电机房、变配电房、设备用房、办公用房、宿舍及其他具有火灾风险的场所。

（2）灭火器的类型应与配备场所可能发生的火灾类型相匹配。

（3）灭火器材区域应涂刷黄色警戒线，配置在户外的灭火器应做好防雨防晒措施。

（4）灭火器箱面上应标明场所、场外火警电话号码及编号等字样。

（5）灭火器的配置数量应按 GB 50140《建筑灭火器配置设计规范》的有关规定经计算确定，且每个场所的灭火器数量不应少于 2 具。

（6）灭火器配置场所的火灾分类应符合 GB/T 4968《火灾分类》的要求，灭火器类型的选择遵从 GB 50140《建筑灭火器配置设计规范》的要求。

（7）应每周对灭火器材进行检查，及时对发现的问题进行整改；灭火器摆放位置应进行划线且摆放在明显便于使用场所，摆放位置不得妨碍通行。

3. 参考图例

手持式灭火器示例图如图 3-28 所示，推车式灭火器示例图如图 3-29 所示。

图 3-28　手持式灭火器示例图　　　　　　图 3-29　推车式灭火器示例图

3.2.3 消防沙箱

1. 规范要求

本节依据 GB 50720《建设工程施工现场消防安全技术规范》、GB 50016《建筑设计防火规范》、DL 5027《电力设备典型消防规程》编制。

2. 布置要求

（1）消防沙箱布置于各参建单位项目部、洞室口、房建项目等区域易发现的部位，不能被建筑物遮挡。

（2）消防沙箱上应有醒目的安全标识，消防沙箱旁边应配置消防铲和消防桶。

（3）各参建单位应检查消防沙箱的防水、防风等措施，及时补充消防沙，并对附属消防铲、消防桶等进行维护。

3. 尺寸要求

消防沙箱的尺寸由配置区域风险范围、风险等级、消防设施配置数量等因素决定，施工单位可根据实际情况配置。

4. 参考图例

消防沙箱示例图如图 3-30 所示。

图 3-30　消防沙箱示例图

3.2.4 微型消防站

1. 规范要求

本节依据 GB 50720《建设工程施工现场消防安全技术规范》、GB 50016《建筑设计防火规范》、DL 5027《电力设备典型消防规程》编制。

2. 布置要求

（1）微型消防站内应包括消防铁锹、消防钩、消防斧、消防沙、灭火器等消防设施。

（2）微型消防站布置于各施工现场，各参建单位应结合实际需求合理安排消防设施的数量，各类消防设施合理布置于消防器材柜中，方便使用并定期进行检查维护，及时将不合格及失效的消防设施进行替换更新。

3. 尺寸要求

根据现场需要成品采购。

4. 材质要求

满足国家规程规范要求，消防器材柜宜采用镀锌钢架构、广告喷绘布、模板拼装组合。

5. 参考图例

微型消防站示例图如图 3-31 所示。

图 3-31　微型消防站示例图

3.2.5 消防车

1. 规范要求

本节依据 GB 7956.1《消防车　第 1 部分：通用技术条件》编制。

2. 布置要求

（1）消防车内应包括消防铁锹、消防钩、消防斧、灭火器、喷射装置等消防设施。

（2）各参建单位应结合实际需求合理安排消防车与消防设施的数量，各类消防设施合理布置于消防车内，方便使用并定期进行检查维护，及时将不合格及失效的消防设施进行替换更新。

3. 参考图例

消防车示例图如图 3-32 所示。

图 3-32　消防车示例图

3.3　环保、水保设施

3.3.1　洒水车

1. 规范要求

本节依据 QC/T 54《洒水车》编制。

2. 布置要求

（1）洒水车主要布置于施工现场产生较大灰尘的区域。

（2）使用洒水车前施工单位对工地现场的道路情况、作业环境进行实地勘查，明确安全要求，以保证车辆以及人员安全。

（3）洒水车在喷水行驶过程中须缓慢前进，在拐弯或下坡时减速慢行，避免紧急制动造成车辆损坏以及人员伤害现象发生。

（4）洒水车应定期排污。定期打开排水管开关，清除罐内杂物，直到水清为止。

3. 参考图例

雾炮洒水车示例图如图 3-33 所示。

3.3.2　洗车设施

1. 规范要求

本节依据 DL/T 5370《水电水利工程施工通用安全技术规程》编制。

2. 布置要求

（1）洗车设施设置于中转料场、上库库尾料场等区域，对往返渣车进行喷淋降尘及轮胎清洗。

（2）洗车设施应设置专用水管、喷头或水枪，在洗车设施内设置固定出水设施，也需考虑大型车辆的洗车需要，配备活动水管或水枪。

图 3-33　雾炮洒水车示例图

（3）在洗车设施处设区域牌图，同时对洗车设施用法和注意事项进行说明，在地面进行划线标识；洗车设施排水沟池应设置合理，废水经沉淀过滤处理后综合利用。

3. 参考图例

施工现场洗车设施示例图如图 3-34 所示。

图 3-34　施工现场洗车设施示例图

3.3.3　污水处理系统安全防护设施

1. 规范要求

本节依据 DL 5162《水电水利工程施工安全防护设施技术规范》、GB 50014《室外排水设计标准》编制。

2. 布置及防护要求

（1）污水处理系统主要布置于生活及主要的生产区域。

（2）污水处理装置四周应设置安全防护栏杆，栏杆上悬挂"注意安全""禁止跨越"等安全警示标志。

（3）污水处理装置设计应满足安全、环保要求，污水处理达标后排放或回收综合利用。

（4）污水处理装置所属区域责任单位负责日常维护，定期清理并及时清除淤积物，对栏杆、警示标志等防护设施进行定期检查和维护，保持污水处置装置的正常运行。

（5）施工现场的排水系统应有足够的排水能力和备用能力，排水系统的设备应设独立动力电源供电，大流量排水管出口的布设应避开围堰坡脚及易受冲刷破坏的建筑物、岸坡等，或设置可靠的防冲刷措施。

3. 尺寸要求

安全围栏高度不低于 1200mm。

4. 参考图例

污水处理系统防护示例图如图 3-35 所示。

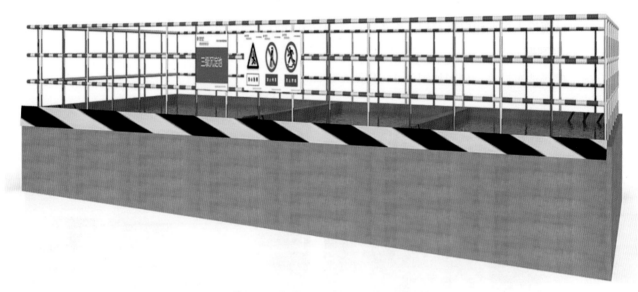

图 3-35 污水处理系统防护示例图

3.3.4 垃圾存放设施

1. 规范要求

本节依据 GB 55012《生活垃圾处理处置工程项目规范》、CJJ/T 134《建筑垃圾处理技术标准》、CJJ 184《餐厨垃圾处理技术规范》、CJ/T 280《塑料垃圾桶通用技术条件》编制。

2. 布置要求

（1）垃圾存放设施用于提醒人员关注区域内卫生，将垃圾的分类投入到指定垃圾存放设施内，主要布置在施工现场易产生废料且便于吊运的场所，其位置不得堵塞现场消防通道。

（2）各参建单位应安排专人对责任范围内垃圾存放设施进行管理，定期清理垃圾存放设施内的生活或生产废弃物。

（3）垃圾存放设施设置地点应平整、通道畅通并设置明显标志，现场设置的所有垃圾存放设施应有保护盖（罩）。

（4）生活垃圾存放设施应设置于远离生活场所不小于 50m 的区域，生产垃圾点应设置于易于垃圾运输车辆到达的区域。

3. 尺寸要求

垃圾存放设施满足最低 240L 容量的要求。

4. 材质要求

满足防火阻燃要求的基础上由施工单位自行选择。

5. 参考图例

垃圾箱示例图如图 3–36 所示。

图 3–36　垃圾箱示例图

3.3.5　现场洗手间

1. 规范要求

本节依据 GB/T 17217《公共厕所卫生规范》编制。

2. 布置要求

（1）洗手间设计应符合卫生、安全、私密性、方便的基本要求。

（2）现场洗手间的设置应纳入安全文明施工策划，基于施工场所的变化性，设置分离式免水冲移动厕所或打包式免水冲移动厕所。现场洗手间应设置在安全区域，满足通风、照明要求，设置地点应根据工程进展及时调整。

（3）现场洗手间应布置于上水库、下水库、地下厂房（每层不应少于 2 个）、主变压器洞、引水上平洞、尾水洞等施工作业区域。

（4）现场洗手间应安排专人管理，打包塑料袋选用生物降解型，设置地的地面应找平、通道畅通并设置明显标志，免水冲电动厕所应接地保护。

（5）基于环境保护要求，现场厕所设置卫生间管理制度牌，规定洗手间使用注意事项，提醒人员按规定执行，洗手间门上张贴推 / 拉标志，提醒开 / 关门时的推拉动作。

3. 参考图例

现场洗手间示例图如图 3-37 所示。

图 3-37　现场洗手间示例图

3.4　施工机械设备

3.4.1　自制设备

3.4.1.1　钻爆支护台车

1. 规范要求

本节依据 GB 4053.3《固定式钢梯及平台安全要求　第 3 部分：工业防护栏杆及钢平台》、GB 2894《安全标志及其使用导则》编制。

2. 布置要求

（1）台车主要用于洞室内钻爆支护作业。

（2）台车上应悬挂安全警示标牌，多个标志牌在一起设置时，应按警告、禁止、指令、提示类型的顺序，先左后右、先上后下地排列。

（3）临边部位、爬梯应设置防护栏杆，垂直爬梯高于 2100mm 时应设置护笼，避免作业人员发生高处坠落事故。

（4）台车应张贴反光条，反光条应常清理，避免灰尘污染。台车应使用低压灯带作为示廊。

（5）台车经验收后方可使用，验收牌上注明使用单位、地点、验收时间及台车编号。

（6）台车应建立安全检查制度和专人负责制度，做好台车使用维护。

（7）台车使用时应摆放平稳，钻孔时台车下方禁止有人，禁止将台车停在软基地。

3. 尺寸要求

（1）钻爆支护台车尺寸根据实际情况制定。

（2）防护栏杆高度为 1200mm，防护栏杆刷红白相间油漆，油漆条纹间距 300mm。

（3）踢脚板高不小于 200mm，刷黄黑相间油漆。油漆条纹间距 200mm，与地面水平夹角 45°。

4. 材质要求

（1）钻爆支护台车采用钢结构制作。

（2）防护栏杆采用钢管，直径大于或等于 48mm，壁厚大于或等于 2mm，材质为 Q235，有防腐要求，构件无破损、变形，光滑无毛刺。

（3）踢脚板材质为不低于 2mm 厚的钢板。

5. 参考图例

台车示例图如图 3-38 所示。

图 3-38　台车示例图

3.4.1.2 衬砌台车

1. 规范要求

本节依据 DL/T 5813《水电水利工程施工机械安全操作规程　隧洞衬砌钢模台车》、GB 2894《安全标志及其使用导则》编制。

2. 布置要求

（1）衬砌台车主要用于洞室内衬砌混凝土作业。

（2）衬砌台车的安装、拆除工作应当由专业人员按要求进行。

（3）工作平台采用钢制脚手板满铺，设置不低于 1200mm 的防护栏杆、200mm 踢脚板及隔离网硬质防护，爬梯应防滑并设扶手。

（4）端模安装、脱模、混凝土浇筑作业时，作业人员规范佩戴安全帽，台车两端设置警戒带，专人警戒，防止无关人员进入台车下部。

（5）台车前后应设限速标志、限高标志、警示标志、限界灯带、警灯、警铃。

（6）转动部位应设防护罩，易发生挤压部位设置警示标牌。

（7）台车上应张贴反光条，反光条应经常清理，避免被灰尘污染。

（8）台车应经验收后使用，验收牌上注明使用单位、地点、验收时间及台车编号。

（9）台车应建立安全检查制度和专人负责制度，做好台车使用维护。

（10）台车行走前，应清除轨道上及其周围的障碍物，台车行走时应有人监护。

3. 尺寸要求

（1）衬砌台车尺寸根据实际情况制定。

（2）防护栏杆高度为 1200mm，防护栏杆刷红白相间油漆，油漆条纹间距 300mm。

（3）踢脚板高不小于 200mm，刷黄黑相间油漆。油漆条纹间距 200mm，与地面水平夹角 45°。

4. 材质要求

（1）衬砌台车采用钢结构制作。

（2）防护栏杆采用钢管，直径大于或等于 48mm，壁厚大于或等于 2mm，材质为 Q235，有防腐要求，构件无破损、变形，光滑无毛刺。

（3）踢脚板材质为不低于 2mm 厚钢板。

5. 参考图例

台车示例如图 3-39 所示。

3.4.1.3 斜井施工台车

1. 规范要求

本节依据 DL/T 5407《水电水利工程竖井斜井施工规范》编制。

2. 布置要求

（1）根据斜井施工实际，应配置扩挖台车和斜井载人运输台车，台车的安装、拆卸过程应制定专项方案。

图 3-39　台车示例

（2）斜井扩挖台车分为三层平台设计，根据开挖循环进尺、支护跟进情况确定每层平台的施工布置，平台为斜井扩挖钻爆施工平台和支护平台，施工平台只放置钻爆施工所用工器具，其他材料及设施不予存放。支护平台主要用于斜井锚杆施工和喷混凝土施工，同时兼顾扩挖部分钻爆工作，平台上放置与锚喷支护相关的机具（如混凝土喷射机、手风钻等），并根据要求设置护栏。

（3）扩挖台车应经过受力分析，明确荷载，并有标识，平台栏杆应涂刷醒目黄黑或红白相间反光漆。

（4）载人运输台车荷载重量根据实际需求经设计计算确定，卷扬机、钢丝绳等提升设备设施根据实际需求按设计计算结果进行选型。

（5）装车前，应将车停稳，以防车自动滑行伤人，搬取物料时先取上层，从上往下逐层搬运。

（6）载人运输台车提升系统分别在井口和斜井滑模顶部各设置限位装置，每处限位装置均由一组机械和光电限位器组成，在运输小车上要配备电铃、紧急停止按钮、电话、固定式手提式灭火器、消防应急照明灯、安全警示标志和荷载标识等。

（7）斜井施工台车应进行定期检查，确保台车各项装置安全可靠。

3. 参考图例

斜井扩挖台车示例图如图 3-40 所示。

图 3-40   斜井扩挖台车示例图

3.4.1.4   竖井滑模平台

1. 规范要求

本节依据 DL/T 5407《水电水利工程竖井斜井施工规范》、JGJ 65《液压滑动模板施工安全技术规程》编制。

2. 布置要求

（1）竖井滑模平台的搭建安装、拆卸应制定相应方案。

（2）滑模施工的动力及照明用电应设有备用电源。如没有备用电源时，应考虑停电时的安全和人员上下的措施。

（3）为保证滑模主体结构均匀受力：应分多个区域。每个区域的承载质量不得超过 2t，且应靠近洞壁方面均匀放置。

（4）所有框架内侧表面及下部走台挂架内侧应设置安全网。

3. 参考图例

竖井滑模平台示例图如图 3-41 所示。

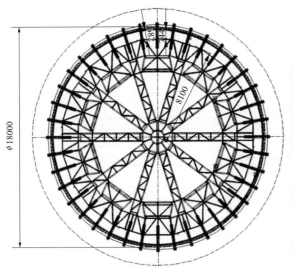

图 3-41　竖井滑模平台示例图

3.4.1.5　竖井灌浆作业平台

1. 规范要求

本节依据 DL/T 5407《水电水利工程竖井斜井施工规范》、DL/T 5370《水电水利工程施工通用安全技术规程》编制。

2. 布置要求

（1）灌浆作业平台的搭建应制定搭建方案。安装、拆卸过程也应制定安装、拆卸方案。

（2）灌浆作业平台采用"两道保护措施及一套备用措施"保障现场施工作业安全。

（3）钻灌平台的锁定点设在距井口约 4000mm 的上室底板（不设在井下平台处），避免井下锁定作业，便于平台锁定操作和检查。锁定点绳卡采用风炮紧固，另外在锁定钢绳上每隔 3000mm 进行标记，确保平台每次提升和锁定的高度一致，保证平台的水平。

（4）钻灌平台每次提升后，在平台上方的井壁上均匀布置 4 根锚筋，应采用钢绳与平台吊耳连接进行锁定，以增加一道安全保险。

（5）"一套备用措施"为在井口均匀布置地锚，应挂设安全绳，平台作业人员佩戴安全带与防坠器挂设在安全绳上，确保施工作业人员安全。

（6）灌浆作业平台防倾覆措施：①将灌浆设备由平台移设至上室底板，以减轻平台荷载，降低安全风险；②对原钻灌平台进行加宽，将平台与井壁之间的间隙缩小至 200mm，并同时增加 3000mm 高竖向导向杆，形成圆柱体结构，以增加平台抗倾覆能力；③平台四周辅助以 8 个丝杠，丝杆顶紧岩壁进一步增加平台的稳定性。

（7）灌浆作业平台检查措施：应对钻灌自制平台的焊缝、锁定点地锚进行无损检测；对各绳卡采用扭力扳手进行检测。

（8）平台上设备与平台可靠固定或锁定。

3. 参考图例

灌浆作业平台布置示例如图 3-42 所示，灌浆作业平台布置示例图如图 3-43 所示。

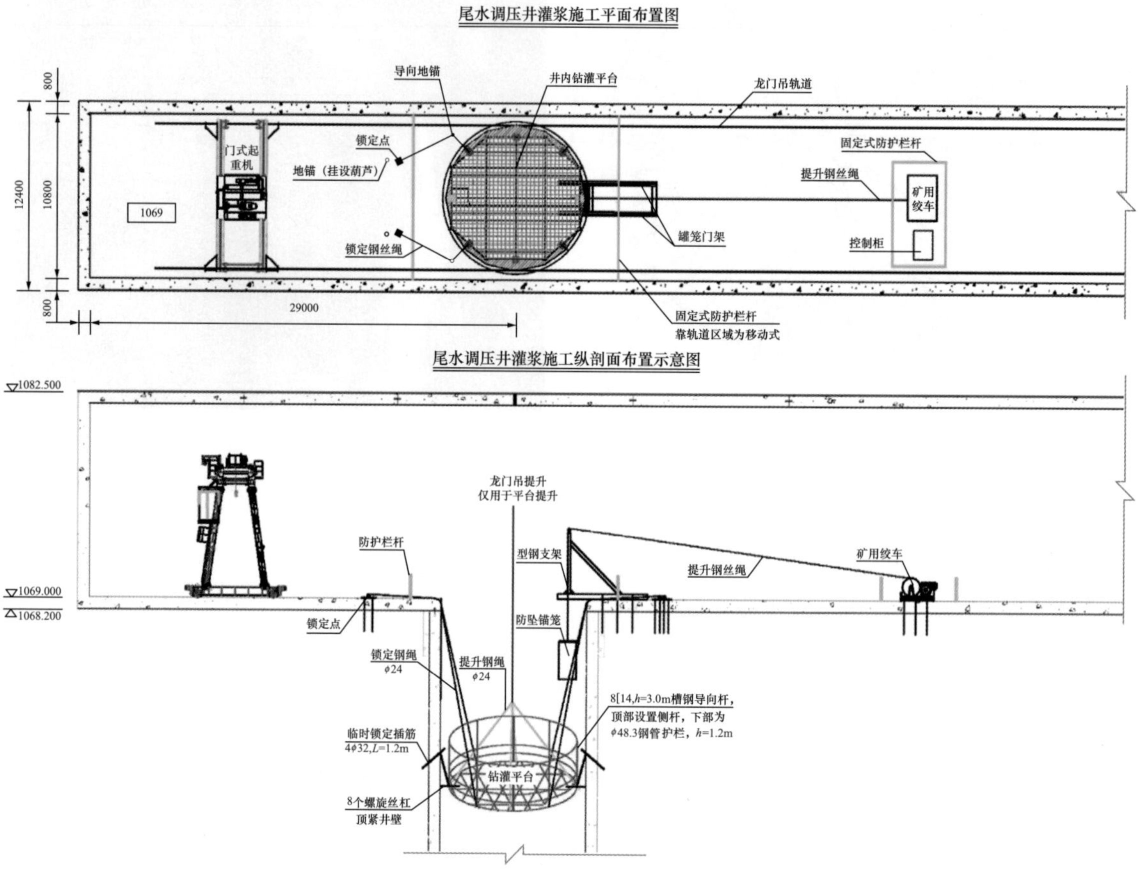

尾水调压井灌浆施工平面布置图

尾水调压井灌浆施工纵剖面布置示意图

图 3-42 灌浆作业平台布置示例图（单位：mm）
h—高度；*L*—长度

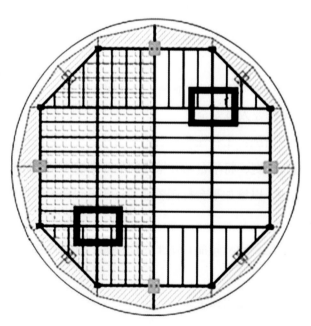

图 3-43 灌浆作业平台布置示例图

3.4.2　成品机械装备

各式成品机械装备进场前，应严格开展安全准入审查，通过后应张贴通行证。设备准入示例图如图 3-44 所示。

图 3-44　设备准入示例图

3.4.2.1　塔式起重机

1. 规范要求

本节依据 JGJ 196《建筑施工塔式起重机安装、使用、拆卸安全技术规程》编制。

2. 布置要求

（1）塔式起重机各机构的构成与布置，应满足使用需要，保证安全可靠。

（2）塔式起重机应使用许可厂家合格产品，正式使用前，到当地市场监督管理部门进行登记建档，建立安全管理制度和技术档案。作业人员持证上岗，并按要求落实日检、月检、年检要求。

（3）塔式起重机拆除前应根据施工情况和起重机特点，制定拆除施工技术方案和安全措施。

（4）塔式起重机应配备荷载、变幅等指示装置和荷载、力矩、高度、行程等限位、限制及联锁装置，设有专用起吊作业照明和运行操作警告灯光音响信号。

（5）操作司机室应防风、防雨、防晒、视线良好，地板铺有绝缘垫层，张贴安全操作规程。

（6）临空边沿应设置安全防护护栏。作业人员应佩戴安全带、安全绳等防护用品。

（7）攀爬作业应使用防坠器，攀爬前应进行防坠器试锁不低于 3 次检验，按规定佩戴好安全帽，挂好安全带与防坠器可靠连接，起到防护作用。

3. 参考图例

塔式起重机示例图如图 3-45 所示。

3.4.2.2　桥式起重机

1. 规范要求

本节依据 GB/T 14405《通用桥式起重机》编制。

2. 布置要求

（1）桥式起重机各机构的构成与布置，应满足使用需要，保证安全可靠。

图 3-45　塔式起重机示例图

（2）桥式起重机应使用许可厂家合格产品，在正式使用前，到当地市场监督管理部门进行登记建档。作业人员持证上岗。落实日检、月检、年检要求。

（3）桥式起重机在拆除前根据施工情况和起重机特点，制定拆除施工技术方案和安全措施。

（4）临空边沿应设置安全防护护栏。作业人员应佩戴安全带、安全绳等个体防护用品。

（5）桥式起重机应配备荷载、变幅等指示装置和荷载、力矩、高度、行程等限位、限制及联锁装置。

（6）操作司机室应防风、防雨、防晒、视线良好，室内地板铺满绝缘垫层，张贴安全操作规程。

（7）设有专用起吊作业照明和运行操作警告灯光音响信号。

3. 参考图例

桥式起重机示例图如图 3-46 所示。

图 3-46　桥式起重机示例图

3.4.2.3　门式起重机

1. 规范要求

本节依据 GB/T 14406《通用门式起重机》编制。

2. 布置要求

（1）门式起重机各机构的构成与布置，应满足使用需要，保证安全可靠。

（2）门式起重机应使用许可厂家合格产品，在正式使用前，到当地市场监督管理部门进行登记建档。作业人员持证上岗，按要求落实日检、月检、年检要求。

（3）门式起重机在拆除前根据施工情况和起重机特点，制定拆除施工技术方案和安全措施。

（4）门式起重机应配备荷载、变幅等指示装置和荷载、力矩、高度、行程等限位、限制及联锁装置。

（5）操作司机室应防风、防雨、防晒、视线良好，地板铺有绝缘垫层，张贴安全操作规程。

（6）设有专用起吊作业照明和运行操作警告灯光音响信号。

3. 参考图例

门式起重机示例图如图 3-47 所示。

图 3-47　门式起重机示例图

3.4.2.4　施工升降机

1. 规范依据

本节依据 JGJ 215《建筑施工升降机安装、使用、拆卸安全技术规程》编制。

2. 布置要求

（1）施工升降机管理、作业、检验检测、人员等应具有相应资格。

（2）施工单位应建立健全施工升降机安全管理制度和岗位安全责任制度，定期对施工升降机吊笼电气控制电路、通信装置、电缆导向架、限位开关、极限开关、机电联锁装置、制动器等进行性能测试。

（3）施工升降机吊笼明显处应标明限载重量和允许乘人数量，司机应经核定后方可运行，严禁超载运行。司机应按指挥信号操作，作业运行前应鸣铃示警；司机离机前，应将吊笼降到底层，并切断电源锁好电箱。施工升降机的防坠安全器，应按规定的期限，由生产厂或指定的认可单位进行鉴定或检修。

（4）施工升降机应设立高度不低于1800mm的地面防护围栏，不得缺损，围栏门的开启高度不应小于1800mm，围栏应装有机械锁和电气安全开关，并应符合使用说明书的要求。

（5）施工升降机首层出料口防护棚长度不小于6000mm，宽度不小于500mm，并采用双层顶棚形式，顶层满铺50mm厚脚手板，两层板之间应保持500mm间距。防护棚两侧设防护栏杆，在进口处张挂设备安全使用告示牌和安全宣传标语。

（6）施工升降机运料平台外侧挂楼层标识牌。平台下方满挂双层水平防护网。防护门朝向梯笼一侧设置门闩，门框及横杆、防护栏杆应刷红白相间警戒色。防护门朝向梯笼一面正中设置企业标识。

（7）施工升降机应安装人脸识别操作许可设备及按规范要求采取接地与防雷措施。

3. 参考图例

施工升降机示例图如图3-48所示，施工升降机防护棚示例图如图3-49所示。

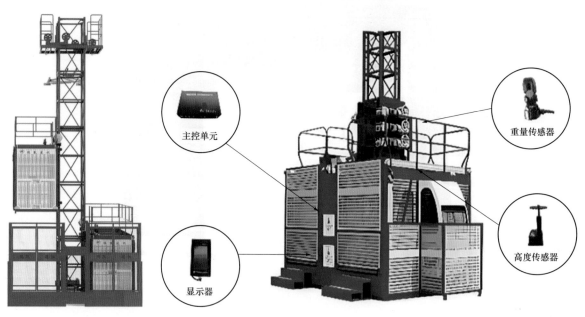

图 3-48　施工升降机示例图

图 3-49 施工升降机防护棚示例图

3.4.2.5 汽车起重机

1. 规范要求

本节依据 DL/T 5250《汽车起重机安全操作规程》编制。

2. 布置要求

（1）汽车起重机布置于移动起重作业区域，使用单位应建立起重机设备档案，包括日常使用、保养、维修、变更、检查和试验等情况记录。

（2）操作及指挥人员应持有对应证件，在操作室张贴安全操作规程。

（3）起重机上应配备灭火装置，操作室内应铺橡胶绝缘带，不得存放易燃物品及堆放有碍操作的物品，非操作人员不得进入操作室。

（4）起吊作业时，起重臂及吊件下方应划定安全区，并设置适当的警示标志牌，受力钢丝绳周围、吊件和起重臂下方不应有人逗留和通过，吊件不应从人或驾驶室上空跨过，不应长时间悬空停留，短时间停留时，操作人员、指挥人员不应离开现场。

（5）工作前检查主要零部件，如钢丝绳、带式制动器是否正常，各部件紧固螺栓有无松动。

（6）使用单位应定期检查起吊构件，发生严重磨损的要及时进行更换。

3. 参考图例

汽车式起重机示例图如图 3-50 所示。

图 3-50 汽车起重机示例图

3.4.2.6 登高作业车

1. 规范依据

本节依据 QC/T 719《高空作业车》编制。

2. 布置要求

（1）登高作业车进场前须进行验收，合格后方可投入使用。每日班前详细检查各部件情况并做好记录，经试车合格后再进行作业。

（2）登高车操作人员经体检合格并取得操作证后方准操作。

（3）禁止超载起升及擅自设置增加工作高度的装置。

（4）登高车作业后应及时将平台收回，非作业时操作平台严禁长时间停留高空。

（5）作业前应按规定穿戴好劳保用品，安全带的挂钩或绳子应挂在结实牢固的构件或挂安全带专用的钢丝绳上，并应采用高挂低用的方式。

（6）禁止将登高车任何部分作为其他结构的支撑，不得将登高车作起重机械使用，不得随意增大平台面积，不得超载使用。

（7）在台风、暴雨、打雷等恶劣天气，应停止、禁止使用登高作业车进行作业。

（8）登高车应张贴操作规程牌、作业区域设警戒线，操作平台正下方不得作业、站人和行走，地面设专人监护。

3. 参考图例

曲臂式登高作业车示例图如图 3-51 所示，剪叉式登高作业车示例图如图 3-52 所示，登高作业过程标准化示例图如图 3-53 所示。

图 3-51 曲臂式登高作业车示例图

图 3-52 剪叉式登高作业车示例图

图 3-53 登高作业过程标准化示例图

3.4.2.7 绞车

1.规范要求

本节依据 DL/T 5407《水电水利工程竖井斜井施工规范》、GB 20181《矿井提升机和矿用提升绞车 安全要求》编制。

2.布置要求

（1）绞车应配有液压推动制动和钳盘制动两套系统，同时应配置限位器、超速器、限载装置、排绳器、过负荷、过电流保护、通信信号、紧急安全开关等设备设施，所有电器应为防水型产品。

（2）绞车现场设置绞车操作室，室内张贴绞车操作规程，对绞车操作人员信息进行公示。绞车基础使用混凝土浇筑，绞车电机侧保持适宜的操作空间。绞车牵引设备和牵引钢丝绳安全系数应满足规范要求。绞车应保持清洁和充分润滑，工作 300h 后，宜进行一级保养，工作 600h 后，宜进行二级保养。

3. 参考图例

半封闭防护绞车示例图如图 3-54 所示，全封闭防护绞车示例图如图 3-55 所示。

图 3-54　半封闭防护绞车示例图

图 3-55　全封闭防护绞车示例图

3.4.2.8　卷扬机

1. 规范要求

本节依据 GB/T 1955《建筑卷扬机》编制。

2. 布置要求

（1）安装时，基面平稳牢固、周围排水畅通、地锚设置可靠，外观不得有变形、裂纹、锈蚀等影响使用的缺陷，并应搭设工作棚。

（2）操作人员的位置应在安全区域，并能看清指挥人员和拖动或起吊的物件。

（3）作业前，应检查卷扬机与地面的固定，弹性联轴器不得松动，并应检查安全装置、防护设施、电气线路、接地制动装置和钢丝绳等，全部合格后方可使用。

（4）卷扬机应设置紧急制动器，电源开关应设在操作室内，卷扬机旁应设置卷扬机岗位操作牌、操作规程牌、机械设备标志牌、机械验收牌，卷扬机设置于卷扬机棚内。

（5）卷扬机使用的钢丝绳应符合 GB/T 20118《钢丝绳通用技术条件》的规定。

3. 参考图例

卷扬机防护示例图如图 3-56 所示。

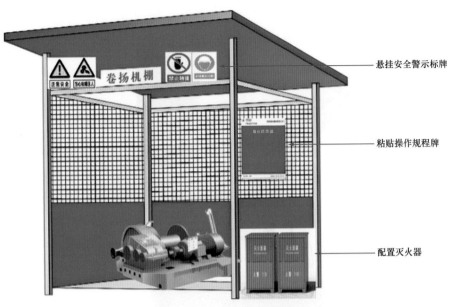

悬挂安全警示标牌

粘贴操作规程牌

配置灭火器

图 3-56　卷扬机防护示例图

3.4.2.9　挖掘机

1. 规范要求

本节依据 DL/T 5261《水电水利工程施工机械安全操作规程　挖掘机》编制。

2. 布置要求

（1）挖掘机应设置安全操作规程牌、设备标志牌、警示牌等。

（2）挖掘机的作业和行走场地应平整坚实，对松软地面应垫以枕木或垫板，沼泽地区应先做路基处理，或更换湿地专用履带板。

（3）轮胎式挖掘机使用前应支好支腿并保持水平位置，支腿应置于作业面的方向，转向驱动桥应置于作业面的后方。采用液压悬挂装置的挖掘机，应锁住两个悬挂液压缸。履带式挖掘机的驱动轮应置于作业面的后方。

（4）作业前重点检查照明、信号及报警装置等齐全有效，燃油、润滑油、液压油符合规定，各铰接部分连接可靠，液压系统无泄漏现象，轮胎气压符合规定。

（5）启动前，应将主离合器分离，各操纵杆放在空挡位置，驾驶员应发出信号，确认安全后方可启动设备。

（6）启动后，接合动力输出，应先使液压系统从低速到高速空载循环 10～20min，无吸空等不正常噪声，工作有效，并检查各仪表指示值，待运转正常再接合主离合器，进行空载运转，顺序操纵各工作机构并测试各制动器，确认正常后，方可作业。

3. 参考图例

挖掘机示例图如图 3-57 所示。

粘贴操作规程牌

粘贴设备标识牌

粘贴通行证

图 3-57　挖掘机示例图

3.4.2.10　装载机

1. 规范要求

本节依据 DL/T 5263《水电水利工程施工机械安全操作规程　装载机》编制。

2. 布置要求

（1）装载机应设置安全操作规程牌、设备标志牌、警示牌等。

（2）装载机操作人员应明确施工任务和安全技术措施，熟悉作业环境和施工条件，遵守现场安全规则。

（3）装载机不得在倾斜度超过出厂规定的场地上作业，作业区内不得有障碍物及无关人员。

（4）装载机作业场地和行驶道路应平坦。在石方施工场地作业时，应在轮胎上加装保护链条或用钢质链板直边轮胎。

（5）作业前重点检查照明、音响装置齐全有效，燃油、润滑油、液压油符合规定，各连接件无松动，液压及液力传动系统无泄漏现象，转向、制动系统灵敏有效，轮胎气压符合规定。

（6）作业中，操作人员和配合作业人员穿戴应符合安全操作要求。

（7）作业后，装载机应停放在安全场地，铲斗平放在地面上，操纵杆置于中位，并制动锁定。

3. 参考图例

装载机示例图如图 3-58 所示。

图 3-58　装载机示例图

3.4.2.11　自卸车

1. 规范要求

本节依据 GB/T 25684.6《土方机械　安全　第 6 部分：自卸车的要求》编制。

2. 布置要求

（1）自卸车驾驶员应经考试合格，持有自卸车专用驾驶证方可驾驶。

（2）自卸车应设置安全操作规程牌、设备标志牌、警示牌等。

（3）自卸车行驶前，应检查锁紧装置，并将料斗锁牢，不得在行驶时掉斗。

（4）自卸车在路面情况不良时行驶，应低速缓行，应避免换挡、制动、急剧加速，且不得靠近路边或沟旁行驶，并应防侧滑。

（5）在坑沟边缘卸料时，应设置安全挡块。车辆接近坑边时，应减速行驶，不得冲撞挡块。

（6）严禁料斗内载人。内燃机运转或料斗内有载荷时，严禁在车底下进行作业。

（7）多台自卸车排成纵队行驶时，前后车之间应保持适当的安全距离，在下雨或冰雪的路面上，应加大间距。

（8）自卸车行驶中，应注意观察仪表，指示器是否正常，注意各部件工作情况和声响。若发现不正常，应立即停车检查排除。

（9）操作人员离机时，应挂挡并拉紧手制动器。

（10）作业后，应对车辆进行清洗，清除在料斗和车架上的砂土及混凝土等的黏结物料。

3. 参考图例

燃油自卸车示例图如图 3-59 所示，纯电自卸车示例图如图 3-60 所示。

粘贴操作规程牌

粘贴设备标识牌

粘贴通行证

图 3-59　燃油自卸车示例图

粘贴操作规程牌

粘贴设备标识牌

粘贴通行证

图 3-60　纯电自卸车示例图

3.4.2.12　叉车

1. 规范依据

本节依据《中华人民共和国特种设备安全法》《特种设备现场安全监察条例》编制。

2. 布置要求

（1）叉车布置于对成件托盘货物进行装卸、堆垛和短距离运输作业。

（2）叉车应设置安全操作规程牌、设备标志牌、警示牌等。

（3）叉车管理、作业、检验检测、人员等应满足特种作业人员相应资格。

（4）叉车使用单位应建立健全叉车安全管理制度和岗位安全责任制度。

（5）叉车驾驶员应经过相关部门考试合格，取得政府机构颁发的特殊工种操作证，方可驾驶叉车。

（6）如现场工作环境恶劣，碎石、尖块、废铁、废渣等较多，要求叉车采用实心轮胎，避免在运输、作业时爆胎造成的人员危害及货物损失。

3. 参考图例

叉车示例图如图 3-61 所示。

图 3-61　叉车示例图

3.4.2.13　推土机

1. 规范要求

本节依据 DL/T 5262《水电水利工程施工机械安全操作规程　推土机》编制。

2. 布置要求

（1）推土机应设置安全操作规程牌、设备标志牌、警示牌等。

（2）推土机在坚硬土壤或多石土壤地带作业时，应先进行爆破或用松土器翻松。在沼泽地带作业时，应更换湿地专用履带板。

（3）牵引其他机构设备时，应有专人负责指挥。钢丝绳的连接应牢固可靠。在坡道或长距离牵引时，应采用牵引杆连接。

（4）作业前重点检查各部件无松动、连接良好，燃油、润滑油、液压油等符合规定，各系统管路无裂纹或泄漏，各操纵杆和制动踏板的行程、履带的松紧度或轮胎气压应符合要求。

（5）推土机机械四周应无障碍物，确认安全后，方可开动，工作时严禁有人站在履带或刀片的支架上。

3. 参考图例

推土机示例图如图 3-62 所示。

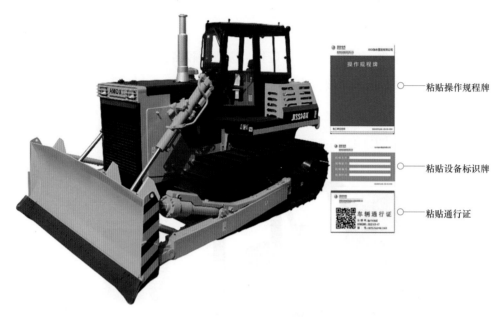

图 3-62 推土机示例图

3.4.3 压力容器和工器具

3.4.3.1 固定式压力容器

1. 规范要求

本节依据《中华人民共和国特种设备安全法》《特种设备现场安全监察条例》、TSG 08《特种设备使用管理规则》、TSG 21《固定式压力容器安全技术监察规程》编制。

2. 布置要求

（1）压力容器应具有合格证。安装单位应持有《压力容器安装许可证》。

（2）使用单位应按照《特种设备使用管理规则》的要求进行安全管理，设置安全管理机构，配备安全管理负责人、安全管理人员和作业人员，办理使用登记，建立各项安全管理制度，制定操作规程，并定期进行检查。

（3）使用单位应在压力容器投入前或投入后 30 日内，向所在地特种设备使用登记部门申请办理《使用登记证》。使用单位应在压力容器工艺操作规程和岗位操作规程中，明确提出压力容器安全操作要求。使用单位应建立压力容器巡检制度，对压力容器本体及安全附件、装卸附件、安全保护装置等进行经常性维护保养，并落实月检、年检要求。

（4）使用单位应在压力容器定检有效期届满 1 个月前，向特种设备检验机构提出定期检验申请，并做好定检相关准备工作。

3. 参考图例

气罐示例图如图 3-63 所示。

图 3-63　气罐示例图

3.4.3.2　气瓶

1. 规范要求

本节依据《中华人民共和国特种设备安全法》《特种设备现场安全监察条例》、GB/T 13004《钢质无缝气瓶定期检验与评定》、GB/T 13075《钢质焊接气瓶定期检验与评定》、GB/T 34525《气瓶搬运、装卸、储存和使用安全规定》、TSG 23《气瓶安全技术规程》编制。

2. 布置要求

（1）气瓶使用一瓶一码，二维码应包括名称、规格、状况等信息及充装记录。

（2）气瓶安全阀具备有效的校验报告或标记、压力表具备有效的检定证书或标记。

（3）气瓶使用应建立安全操作规程，配备防护用品，不得使用无合格证和警示标签气瓶。

（4）气瓶上的安全阀应定期进行校验。气瓶运输应按要求执行，立式运输固定稳当，且佩戴好瓶帽和两个防震圈。

（5）气瓶存放区需配置"禁止烟火"警示牌和消防器材；空瓶和满瓶应分开放置，并在醒目位置设置"空瓶区"和"满瓶区"文字标志牌。

（6）乙炔、氧气瓶零散存放时应采取标准化存放设施。乙炔、氧气瓶应采取标准化存放设施分开放置，间距不得小于 5m；使用中的乙炔、氧气瓶距不得小于 5m，现场使用的乙炔瓶，须建立临时库房，妥善存放，气瓶存放处 10m 内禁止明火。氢气瓶与其他可燃性气体储存地点的间距不应小于 20m，可燃性气体不能同车搬运或同存一处，也不能与其他易燃易爆物品混合存放。

（7）六氟化硫新气在使用的过程中，要做好安全防护措施。制造厂供应的六氟化硫气体，应具有制造厂名称、气体净重、灌装日期、批号及质量检验单，否则不准使用。

（8）氩气在储存、运输、使用时应该分类摆放，可燃气体与助燃气体不可放置于一处，而且还应配备泄漏应急处理设备。

3. 参考图例

气瓶存放架示例图如图 3-64 所示，气瓶存放笼示例图如图 3-65 所示，气瓶推车示例图如图 3-66 所示，气瓶示例图如图 3-67 所示。

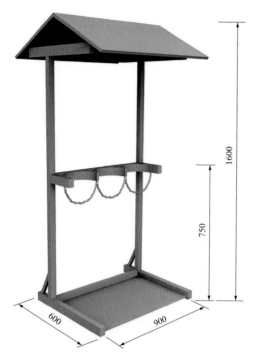

图 3-64 气瓶存放架示例图（单位：mm）

图 3-65 气瓶存放笼示例图（单位：mm）

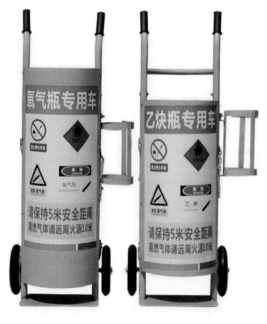

图 3-66 气瓶推车示例图

图 3-67 气瓶示例图

3.4.3.3　空气压缩机

1. 规范依据

本节依据 GB 22207《容积式空气压缩机　安全要求》、GB/T 10892《固定的空气压缩机　安全规则和操作规程》编制。

2. 布置要求

（1）对人有危险的所有转动件和往复件应安装防护装置，飞轮也应有防护装置。如需要时，应在飞轮罩上开一孔，以便盘车和接近所需维护的定时标记、飞轮中心和其他部件。

（2）防护装置应便于拆卸和安装，应有足够的刚度承受变形，并能防止因人体接触而引起运动件和防护装置的摩擦。

（3）管道和其他热部件应适当防护或隔热。

（4）空气压缩机应有压力表和安全阀，吸气口应设置过滤装置。压力表、安全阀应定期校准。安全阀和压力调节器应动作可靠，安全阀动作压力不得超过额定压力的 1.1 倍。使用油润滑的空气压缩机应装设断油保护装置或断油信号显示装置。水冷式空气压缩机应装设断水保护装置或断水信号显示装置。

3. 参考图例

压缩机示例图如图 3-68 所示。

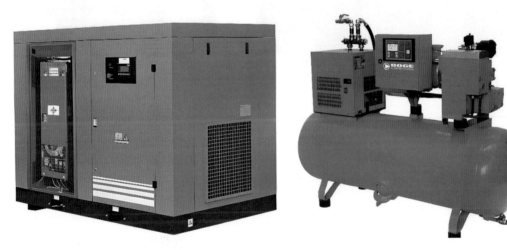

图 3-68　压缩机示例图

3.4.3.4　电焊机

1. 规范依据

本节依据 GB 15578《电阻焊机的安全要求》编制。

2. 布置要求

（1）布置于临时电焊作业的场所。

（2）固定或移动的电焊机（电动发电机或电焊变压器）的外壳以及工作台，应有良好接地。焊机应采用空载自动断电装置等防止触电的安全措施。

（3）电焊机应装有独立的专用电源开关，其容量应符合要求。焊机超负荷时，应能自动切断电源，禁止多台焊机共用一个电源开关。

（4）电焊机露天放置应选择干燥场所，并加防雨罩。

（5）电焊机电源线及焊钳须绝缘良好，一次线长度不得大于 5m，二次线长度不得大于 30m。二次侧出线端应安装剩余电流保护器，接触点连接螺栓应拧紧。

（6）禁止在带有液压、气压或带电的设备上焊接。

（7）电焊机倒换接头、转移作业点、发生故障或电焊工离开时，应切断电源。

（8）工作结束后切断电源，检查工作场所及周围，确认无起火危险后才离开。

3. 参考图例

电焊机示例图如图 3-69 所示。

图 3-69　电焊机示例图

3.4.3.5　砂轮机

1. 规范要求

本节依据 GB/T 22682《直向砂轮机》、JB 8799《砂轮机　安全防护技术条件》编制。

2. 布置要求

（1）砂轮机适用于刃磨各种刀具、工具，也用作普通小零件进行磨削、去毛刺及清理等。

（2）砂轮机禁止安装在正对着附近设备及操作人员或经常有人过往的地方，砂轮机应无裂缝及其他不良情况，砂轮应装有用钢板制成的可靠防护罩，防护罩至少要把砂轮上半部罩住。

（3）使用砂轮研磨时，应佩戴防护眼镜或装设防护玻璃，用砂轮磨工具时应使火星向下，禁止用砂轮的侧面研磨。

（4）砂轮机在操作时磨切方向严禁对着周围的作业人员及一切易燃易爆品，以免造成不必要的伤害，保持工作场所干净、整洁，正确使用确保人身及财产安全。

（5）砂轮机应采取可靠接地，设置安全操作规程牌、机械设备标志牌、警示牌等。

3. 参考图例

砂轮机示例图如图 3-70 所示。

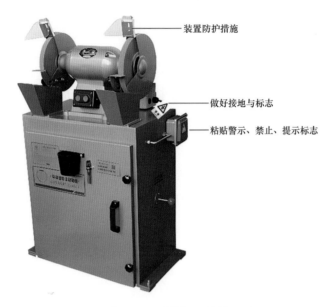

装置防护措施

做好接地与标志

粘贴警示、禁止、提示标志

图 3-70 砂轮机示例图

3.4.3.6 切割设备

1. 规范要求

本节依据 GB/T 3883.311《手持式、可移式电动工具和园林工具的安全 第 311 部分：可移式型材切割机的专用要求》、GB/T 38196《建筑施工机械与设备 地面切割机 安全要求》编制。

2. 布置要求

（1）切割设备适用于角钢、槽钢、圆钢等金属的切割作业。

（2）切割时应有足够的安全距离，宜搭设临时工作棚。

（3）切割区域应予以明确标明，并应有警告标志。

（4）切割作业时，应有眼睛、面部及身体防护措施。

（5）使用前应做绝缘检查和空载检查，在绝缘合格、空载运行正常后方可使用。

（6）动火作业时应配置消防设备。

（7）切割设备应按规范要求采取可靠接地，设置安全操作规程牌、机械设备标志牌、警示牌等。

3. 参考图例

切割设备示例图如图 3-71 所示。

装置防护措施

做好接地与标志

图 3-71 切割设备示例图

3.4.3.7 手持电动工具

1. 规范要求

本节依据 GB/T 3787《手持式电动工具的管理、使用、检查和维修安全技术规程》、JGJ 46《施工现场临时用电安全技术规范》编制。

2. 布置要求

（1）适用于用手握持或悬挂进行操作的切割、打磨等作业。

（2）在潮湿场所或金属构架上操作时，选用手持式电动工具，应装设防溅的剩余电流保护器。

（3）手持式电动工具的负荷线应采用耐气候型的橡皮护套铜芯软电缆，并不得有接头。禁止使用塑料花线。

（4）手持式电动工具的外壳、手柄、插头、开关、负荷线等应完好无损，使用前应做绝缘检查和空载检查，在绝缘合格、空载运行正常后方可使用。

（5）使用手持式电动工具时，应按规定穿、戴绝缘防护用品。

（6）手持式电动工具须定期开展安全检查，检查合格的张贴检验合格标签。

3. 参考图例

手持电动工具示例图如图 3-72 所示。

图 3-72 手持电动工具示例图

3.5　施工用电设施

3.5.1　总体要求

本节依据 GB 50194《建设工程施工现场供用电安全规范》、JGJ 46《施工现场临时用电安全技术规范》编制。

（1）施工用电应符合"三级配电、两级漏保"，达到"一机一闸一漏一箱"要求；两级漏保是指在总配电箱和开关箱中应分别装设剩余电流保护器，实行至少两级保护。

（2）分配电箱与开关箱的距离不得超过 30m。

（3）固定式配电箱、开关箱的中心点与地面的垂直距离应为 1400～1600mm。

（4）移动式配电箱、开关箱应装设在紧固、稳定的支架上，柜体地脚高度不低于 300mm。其中心点与地面的垂直距离宜为 800～1600mm。

（5）配电箱应设置带有二维码标识责任牌，用于标明相关信息，明确责任人及安全标识、编号、记录检查表和反光标等内容，底板采用铝塑板或镀锌钢板，内容采用荧光材质。

（6）洞内布置的配电柜（箱），应设置反光条。

（7）施工用电设施应保证绝缘良好，接地可靠。

三级配电效果示例图如图 3-73 所示，配电箱责任牌示例图如图 3-74 所示。

图 3-73　三级配电效果示例图

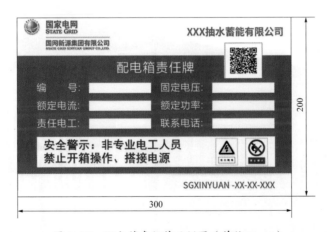

图 3-74　配电箱责任牌示例图（单位：mm）

3.5.2　预装式变电站

1. 规范要求

本节依据 GB/T 17467《高压—低压预装式变电站》、DL/T 572《电力变压器运行规程》、GB 50194《建设工程施工现场供用电安全规范》编制。

2. 布置要求

（1）洞内施工预装式变电站应安装在施工负荷中心。预装式变电站宜采用地面平台安装，装设预装式变电站的平台应高出地面 500mm，其四周应装设高度不低于 1800mm 的围栏，围栏与预装式变电站外廓的距离：10kV 及以下不应小于 1000mm，35kV 不应小于 1200mm。

（2）预装式变电站外侧围栏明显位置应挂设"止步，高压危险"警告牌安全标志，各级施工电源柜柜门应贴警示标志、禁止标志、电箱负责人相关信息，并注明施工用电注意事项，配电箱内门应带自动关门闭锁功能。

（3）安全围栏应与警告标志配合使用。

（4）安全围栏应立于水平面上，平稳可靠。当安全围栏出现构件焊缝开裂、破损、明显变形、严重锈蚀、油漆脱落等现象时，应经修整后方可使用。预装式变电站周围及栏杆内应保持无杂物、无积水。

（5）预装式变电站外应设隔离绝缘性安全围栏，涂刷红白相间油漆。

3. 尺寸要求

预装式变电站成品采购，围栏高度不低于 1800mm，围栏与预装式变电站外廓的距离不宜小于1000mm。

4. 材质要求

执行国家规程规范和行业标准，满足绝缘要求。

5. 参考图例

预装式变电站示例图如图 3-75 所示。

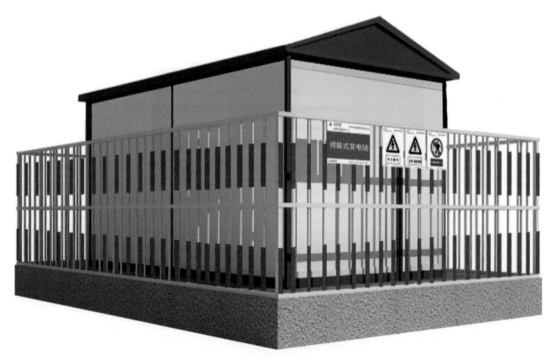

图 3-75　预装式变电站示例图

3.5.3　一级配电柜

1. 规范要求

本节依据 GB/T 7251.1《低压成套开关设备和控制设备　第 1 部分：总则》、JGJ 46《施工现场临时用电安全技术规范》编制。

2. 布置要求

（1）一次回路由铜排连接，连接铜排截面面积不小于 1000mm²。

（2）二次回路由 BVR 铜芯线连接，连接导线电流回路截面面积为 4mm²，电压回路截面面积为 2.5mm²，需带三相电流及电压显示。

（3）柜体内部仪表在外部可见，后门为双开门，便于维修与接线。

（4）盘柜正面中间位置喷涂如"国家电网　国网新源集团有限公司"（示例）标识和"××××抽水蓄能有限公司"名称；盘柜正面底部位置喷涂二级电源柜标识编号。盘柜侧面顶部喷涂如"国家电网　国网新源集团有限公司"（示例）。标识和文字颜色应采用国网绿色。

（5）箱门应张贴"当心触电"或"有电危险"警示标识，张贴电箱负责人信息、配电箱二维码，并注明施工用电注意事项。

（6）洞内布置的配电柜（箱），应设置反光条。

（7）柜体安全距离不应小于 1000mm。

3. 尺寸要求

尺寸不宜低于 800mm（宽）×800mm（深）×2100mm（高），含防雨顶及地脚，地脚高度为 300mm 并刷黄黑漆。

4. 能耗监测功能要求

（1）新开工项目应采用具备计量级电力能耗监测功能的配电柜，其他项目依据现场实际情况参照执行。

（2）具备能耗监测功能，包括但不限于电流、电压、功率、能耗等。

（3）具备监测数据存储与传输功能（传输方式包括但不限于以太网、4G/5G 等方式；监测数据存储容量不低于 30 日）。

5. 材质要求

柜体采用优质冷轧钢板制作，钢板厚度应为 1.2～2mm，箱体表面应做防腐处理，柜体颜色为国网灰。

6. 参考图例

一级配电柜示例图如图 3-76 所示。

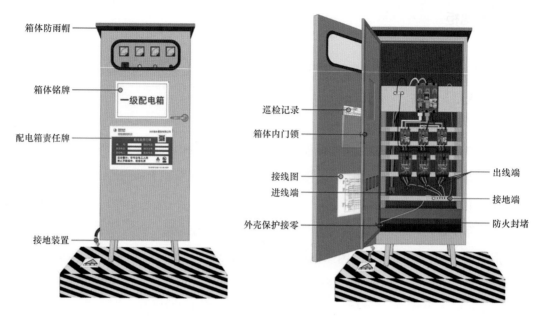

箱体防雨帽

箱体铭牌

配电箱责任牌

接地装置

巡检记录

箱体内门锁

接线图

进线端

外壳保护接零

出线端

接地端

防火封堵

图 3-76　一级配电柜示例图

3.5.4　二级施工电源柜

1. 规范要求

本节依据 GB/T 7251.12《低压成套开关设备和控制设备　第 2 部分：成套电力开关和控制设备》、JGJ 46《施工现场临时用电安全技术规范》编制。

2. 布置要求

（1）盘柜正面中间位置喷涂如"国家电网　国网新源集团有限公司"（示例）标识和"××××抽水蓄能有限公司"名称；盘柜正面底部位置喷涂二级电源柜标识编号。盘柜侧面顶部喷涂如"国家电网　国网新源集团有限公司"（示例）标识。标识和文字颜色应采用国网绿。

（2）电源柜正面设两道带锁柜门，并在柜门内侧设置 1 个槽盒，尺寸为 220mm（宽）×280mm（高），用于存放日常检查记录。

（3）一次回路由铜排连接，连接铜排截面面积不小于 600mm²。二次回路由 BVR 铜芯线连接，连接导线电流回路截面面积为 4mm²，电压回路截面面积为 2.5mm²，需带三相电流及电压显示。要求柜体为防雨型，防护等级不小于 IP55，内部仪表在外部可见。

（4）二级施工电源柜应设置防护棚，避免人员误入引起触电风险。

（5）箱门应张贴"当心触电"或"有电危险"警示标识、电箱负责人相关信息、配电箱二维码，并注明施工用电注意事项。

（6）柜体安全距离不应小于 1000mm。

3. 尺寸要求

（1）传统电源柜整体尺寸为 800mm（宽）×600mm（深）×1700mm（高），含防雨顶及地脚，地脚高度为 300mm 并刷黄黑漆。电源柜防护棚尺寸不少于 2000mm（长）×1500mm（宽）×1700mm（高）。

（2）智能电源柜整体尺寸为 900mm（宽）×600mm（深）×1900mm（高），含防雨顶及地脚，地脚高度为 300mm 并刷黄黑漆。电源柜防护棚尺寸不少于 2000mm（长）×1500mm（宽）×2000mm（高）。

4. 智能电源柜功能要求

（1）新开工项目的通风洞、交通洞、厂房、大坝施工区、进出水口、开关站等重点区域应配置智能电源柜，其他项目可参照执行。

（2）电源柜需具备在线监测与控制功能（监测功能包括但不限于箱内温湿度、箱门开关状态、各回路电流、电压、功率、电能等电力参数；预警功能包括但不限于漏电、过负荷、过电流、缺相等；控制功能包括箱门开锁控制、远程分合闸控制）。

（3）电源柜需具备监测数据存储与传输功能（传输方式包括但不限于以太网、4G/5G 等方式；监测数据存储期限不低于 30 日）。

5. 材质要求

（1）柜体采用优质冷轧钢板制作，钢板厚度应为 1.2 ～ 2mm，箱体表面应做防腐处理，柜体颜色为国网灰。

（2）防护棚棚顶采用彩钢瓦 840–476 型号；防护棚骨架采用 40mm×40mm 矩管；防护棚围栏采用 25mm×25mm 矩管。

6. 参考图例

传统二级施工电源柜示例图如图 3–77 所示，智能二级施工电源柜示例图如图 3–78 所示，配电箱防护棚标准化示例图如图 3–79 所示。

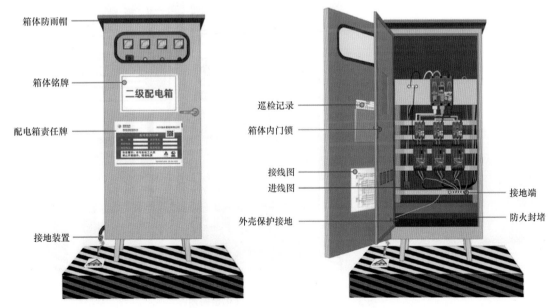

图 3–77　传统二级施工电源柜示例图

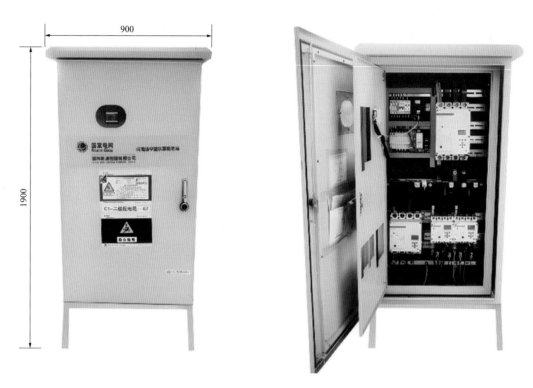

图 3-78　智能二级施工电源柜示例图（单位：mm）

图 3-79　配电箱防护棚标准化示例图

3.5.5　三级施工电源柜

1. 规范要求

本节依据 JGJ 46《施工现场临时用电安全技术规范》编制。

2. 布置要求

（1）盘柜正面顶部喷涂如"国家电网　国网新源集团有限公司"（示例）标识和"××××抽水蓄能有限公司"名称；盘柜正面底部位置喷涂三级电源柜标识编号。盘柜侧面顶部喷涂如"国家电网　国网新源集团有限公司"（示例）标识。喷涂字体的大小、颜色另行规定。

（2）施工现场停止作业 1h 以上时，应将电箱断电上锁。

（3）一次回路由导线连接，所有施工电源柜需带 N 排及 PE 排，N 排截面不小于主回路铜排，PE 排截面不小于主回路铜排的一半。

（4）三级施工电源柜宜采用航空插头。所留接线孔位应满足每个分路开关有一个，并须留出 20% 的孔位余量。所有施工电源柜铭牌标志须清楚，资料齐全。

（5）柜体安全距离不应小于 1000mm。箱门应张贴"当心触电"或"有电危险"警示标识、电箱负责人相关信息、配电箱二维码，并注明施工用电注意事项。

3. 尺寸要求

箱体钢板厚度不得小于 1.2mm，配电箱箱体网板厚度不得小于 1.5mm，箱体柜内存放检查记录的槽盒尺寸为 220mm（宽）×280mm（高），普通柜体高度不低于 1300mm，大容量柜体高度不低于 1600mm，宽度不低于 300mm，柜体地脚高度为 300mm。

4. 智能电源柜功能要求

（1）新开工项目的通风洞、交通洞、厂房、大坝施工区、进出水口、开关站等重点区域应配置智能电源柜，其他项目宜参照执行。

（2）电源柜需具备监测数据存储与传输、在线监测与控制功能（监测功能包括但不限于箱内温湿度、箱门开关状态、各回路电流、电压、功率、电能等电力参数；预警功能包括但不限于漏电、过负荷、过电流、缺相等；控制功能包括箱门开锁控制、远程分合闸控制）。

5. 材质要求

由采购的成品决定。

6. 参考图例

传统三级施工电源柜示例图如图 3-80 所示，智能三级施工电源柜示例图如图 3-81 所示，大容量三级施工电源柜示例图如图 3-82 所示。

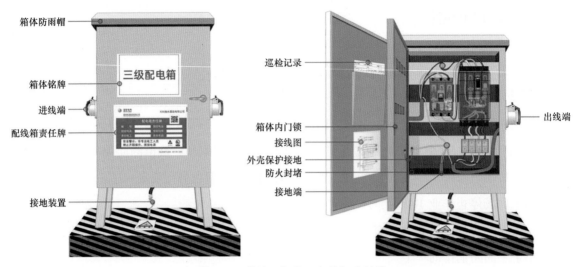

图 3-80　传统三级施工电源柜示例图

图 3-81　智能三级施工电源柜示例图（单位：mm）

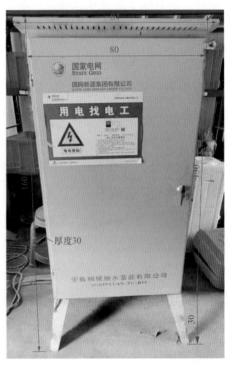

图 3-82　大容量三级施工电源柜示例图（单位：cm）

3.5.6　壁挂式与移动式配电箱

1. 规范要求

本节依据 GB/T 13539.1《低压熔断器　第 1 部分：基本要求》、JGJ 46《施工现场临时用电安全技术规范》编制。

2. 布置要求

（1）盘柜正面顶部喷涂如"国家电网　国网新源集团有限公司"（示例）标识和"××××抽水蓄能有限公司"名称；盘柜正面底部位置喷涂等级电源柜标识编号。盘柜侧面顶部喷涂如"国家电

网 国网新源集团有限公司"（示例）标识。喷涂字体的大小、颜色另行规定。

（2）壁挂式配电箱的中心与地面的垂直距离宜为 1400 ～ 1600mm，安装应平整、牢固。

（3）移动式配电箱、开关箱应装设在紧固、稳定的支架上，柜体地脚高度不低于 300mm。其中心点与地面的垂直距离宜为 800 ～ 1600mm。

（4）所留接线孔位应满足每个分路开关有一个，并须留出 20% 的孔位余量。所有施工电源柜铭牌标志须清楚，资料齐全。

（5）配电箱门须设警示标志、电箱负责人相关信息，并注明施工用电注意事项与巡查记录。

3. 参考图例

壁挂式配电箱示例图如图 3-83 所示，移动式电源箱示例图如图 3-84 所示。

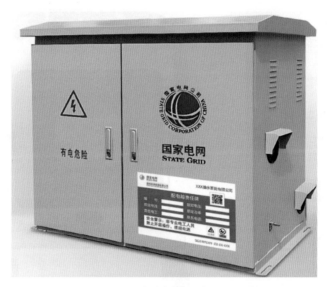

图 3-83　壁挂式配电箱示例图

图 3-84　移动式电源箱示例图

3.5.7　移动式补充照明设备

1.布置要求

（1）移动式补充照明设备适用于局部场地施工照明，布置于照度不足或夜间需要施工的施工现场。灯架应放置平稳，支架固定牢固，布置位置不影响施工和通行。

（2）移动式补充照明设备应具有防水性能。灯架应可靠接地，灯具绝缘良好。

（3）应设专人定期进行检查和维护。

2.参考图例

移动式照明示例图如图 3-85 所示。

图 3-85　移动式照明示例图

3.5.8　临时电缆架

1.规范要求

本节依据 DL 5009.2《电力建设安全工作规程　第 2 部分：电力线路》编制。

2.布置要求

（1）临时电缆架用于施工现场临时电缆的架设，施工电缆严禁放置地面，应利用现场条件采取沿墙壁敷设、运用托架、线缆挂架等方式敷设。

（2）洞室内临时电缆架设沿墙或由施工单位按照施工方案中临时电缆架的要求制作。

（3）沿墙壁或架空架设的高度不低于 2500mm（条件限制除外）。

（4）接触电缆的挂钩或其他辅助设施时，应戴绝缘胶套，起绝缘作用的同时减少磨损。与电缆线接触部分应进行绝缘处理，绑扎线应采用绝缘线，绝缘挂钩宜使用单、双钩。

3.尺寸要求

（1）缆线挂架、电缆支架等采购成品或由施工单位自行焊制。

（2）地上电焊支架整体尺寸不少于 640mm（长）×640mm（下宽）×200mm（上宽）×1200mm（高）。

（3）在高度 400mm 处设置支撑横梁，电缆托架长度宜为 450mm。

（4）地上电缆支架外部涂刷黄黑相间安全色，色带宽 300mm。

4. 材质要求

整体采用 $\phi30×1.2$mm 钢管制作，上端电缆托架采用绝缘橡胶软管制作。

5. 参考图例

单、双缆线挂架示例图如图 3-86 所示，临时简易电缆支架效果及现场应用示例图如图 3-87 所示。

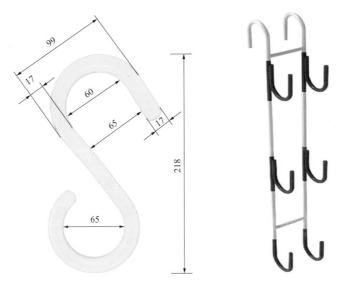

图 3-86 单、双缆线挂架示例图（单位：mm）

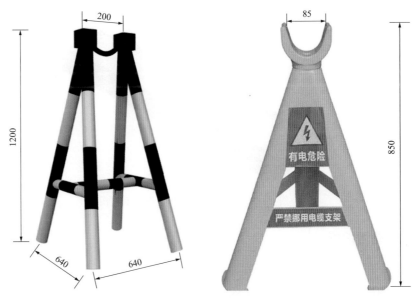

图 3-87 临时简易电缆支架效果及现场应用示例图（一）（单位：mm）

图 3-87　临时简易电缆支架效果及现场应用示例图（二）（单位：mm）

3.5.9　线路保护设施

1. 规范要求

本节依据 DL 5009.2《电力建设安全工作规程　第 2 部分：电力线路》编制。

2. 布置要求

（1）施工电缆保护设施主要布置于施工现场对电缆进行临时保护的区域。

（2）电源线应敷设整齐有序，按规范要求整齐布置，电源线沿地面敷设时，应埋设或穿管保护，电源线通过道路上时应采取保护措施。电源线敷设在脚手架等构架上应设置绝缘防护措施。

（3）施工电缆横跨通道时应架设桥架，跨度、宽度根据需要设定。施工桥架挡板表面刷红白或黄黑相间油漆，油漆宽度不小于 100mm。

3. 参考图例

电源线过道保护设施示例图如图 3-88 所示。

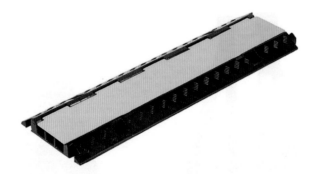

图 3-88　电源线过道保护设施示例图

3.5.10　接地及防雷设施

1. 规范要求

本节依据 GB 50057《建筑物防雷设计规范》、DL/T 5370《水电水利工程施工通用安全技术规程》编制。

2. 布置要求

（1）防雷设施应布置于建筑物外围，起防雷保护作用。施工现场起重机、物料提升机、施工升降机、脚手架、临建营地、拌合站等区域应按规范要求采取防雷与接地措施。

（2）在施工现场专用的中性点直接接地的供电系统中，应采用接地保护，且须设专用保护零线，不得与工作零线共用。

（3）电气设备的金属外壳以及和电气设备连接的金属构架等，应有可靠的接地保护。

（4）电气设备的保护零线应以并联方式与零干线连接。零线上严禁装设开关或熔断。

3. 材质要求

接地导体为铜质，接地线采用黄绿双色线或编织铜线；防雷设施应采用热镀锌扁钢、钢管或光面圆钢，不得采用螺纹钢和铝材。

4. 参考图例

接地示例图如图 3-89 所示，避雷针示例图如图 3-90 所示。

图 3-89 接地示例图

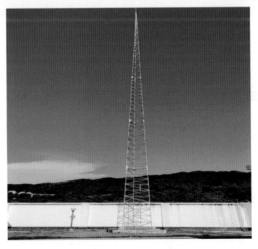

图 3-90 避雷针示例图

3.5.11 电缆、光纤敷设

1. 规范要求

本节依据考 DL 5009.2《电力建设安全工作规程　第 2 部分：电力线路》编制。

2. 布置要求

（1）根据设计院图纸、主机厂图纸和其他设备厂家提供的相关图纸进行数字化三维建模，建立电站三维设备库；通过电缆、光纤等敷设清册与电气设备核对，确定设备及电缆、光纤清册是否齐全；通过计算整理最佳路径，比对桥架路径是否正确并反复修正；通过预敷设结果，校核设计院图纸是否正确齐全，并反复沟通修改，最终实现三维敷设的"所见即所得"。

（2）根据三维设计成果，因地制宜制定敷设方案，结合敷设方案制作对应的敷设工具；利用三维预敷设成果对现场施工人员进行直观的三维敷设技术交底，让每一个施工人员都能准确找到每一根电缆、光纤的敷设路径；施工现场配置笔记本电脑等工具，确保随用随查，随时准确定位电缆敷设路径；通过三维成果提前向监理提交敷设方案，包括敷设清单、敷设剖面图，通过三维成果进行现场验收；制定电缆路径二维码，实现敷设数字化管理。

3. 参考图例

线路三维预敷设示例图如图 3-91 所示。

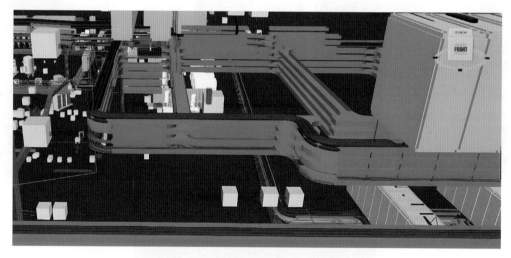

图 3-91　线路三维预敷设示例图

3.6　加工车间安全设施

3.6.1　木工加工棚

1. 规范要求

本节依据 AQ 7005《木工机械　安全使用要求》编制。

2. 布置要求

（1）木工加工区内地面应进行硬化处理，按规范要求设置接地与防雷措施。

（2）木工加工区应配备安全可靠的消防器材，设置防护围栏、警示牌、消防设施标识等。

（3）棚内应在醒目位置张贴安全操作规程。

（4）工作场所待加工和已加工木料应分类堆放整齐，保证道路畅通，机械应保持清洁，安全防护装置应齐全可靠，各部连接紧固，工作台上不得放置杂物，机械的皮带轮、锯轮、刀轴、锯片、砂轮等高速转动部件应在安装时做平衡试验。各种刀具不得有裂纹破损。

（5）装设有气动除尘装置的木工机械，作业前应先启动排尘风机，确保排尘管道不变形，不漏风；根据木材的材质、粗细、湿度等，选择合适的切削和进给速度。

（6）作业后应及时切断电源，锁好闸箱，进行擦拭、润滑及清除木屑。

（7）背景使用国网绿，喷绘写真，印国家电网有限公司公司标识；棚顶喷绘红色油漆。

3. 参考图例

木工加工棚示例图如图 3-92 所示。

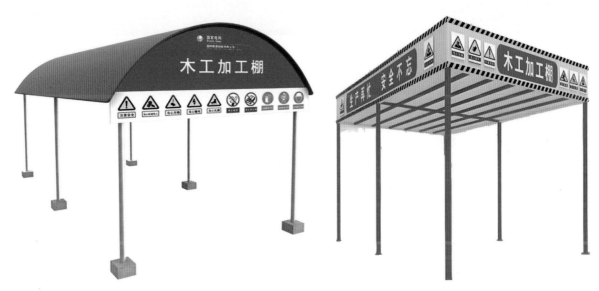

图 3-92　木工加工棚示例图

3.6.2　钢筋加工厂

1. 规范要求

本节依据 GB/T 38176《建筑施工机械与设备　钢筋加工机械　安全要求》编制。

2. 布置要求

（1）钢筋加工区应按照设备加工区、成品区、临时存放区、人行通道等进行区域设置。

（2）钢筋加工区域应配备安全可靠的消防器材，设置防护围栏、警示牌、消防设施标识。

（3）基于现场作业风险配置安全标志牌、设备安全操作规程牌、成品及半成品堆放区标识牌等；材料、构件、料具等堆放时，悬挂有名称、品种、规格等标识牌。

（4）钢筋加工区域应充分考虑作业人员通行要求，避免人行通道处在桥式起重机活动区域。

（5）钢筋加工厂按规范要求采取接地与防雷措施，材料架空不低于 300mm 放置。

3. 参考图例

钢筋加工厂示例图如图 3-93 所示，钢筋加工厂区域布置示例图如图 3-94 所示。

图 3-93　钢筋加工厂示例图　　　　　　图 3-94　钢筋加工厂区域布置示例图

3.6.3　钢管加工厂

1. 规范要求

本节依据 DL/T 5371《水电水利工程土建施工安全技术规程》、DL/T 5372《水电水利工程金属结构与机电设备安装安全技术规程》、DL/T 5373《水电水利工程施工作业人员安全操作规程》编制。

2. 布置要求

（1）压力钢管加工区布置在交通便利、平整、宽敞，排水通畅的位置。现场道路应平整、坚实，危险地点挂与主要风险匹配的标识牌。

（2）钢管加工厂为封闭形式，采用轻钢结构设计，顶棚及墙壁上部区域采用透明彩钢瓦及蓝色彩钢屋互相间隔布置。

（3）现场的布置应符合防火、防爆等规定和文明施工的要求，施工现场的生产、仓库、材料堆放场、停车场等应科学合理布置。

（4）加工区应按照设备加工区、成品区、临时存放区、人行通道等进行区域设置。

（5）临时用电严格按照 JGJ 46《施工现场临时用电安全技术规范》规定执行。

（6）在外部醒目位置设置国家电网有限公司标识和压力钢管加工厂字样。

（7）根据实际需要，配备足够的消防器材。

（8）临时物料摆放区，应设置安全围栏、安全警示标识。

（9）钢管加工厂按规范要求采取接地与防雷措施。

（10）地坪材质采用环氧地坪或金刚砂耐磨地坪。

3. 参考图例

压力钢管加工厂示例图如图 3-95 所示，压力钢管加工厂内部示例图如图 3-96 所示，压力钢管加工区工作区域划分示例图如图 3-97 所示，压力钢管加工厂设备示例图如图 3-98 所示。

图 3-95　压力钢管加工厂示例图

图 3-96　压力钢管加工厂内部示例图

图 3-97　压力钢管加工区工作区域划分示例图

图 3-98　压力钢管加工厂设备示例图

3.6.4　管路加工厂

1. 规范要求

本节依据 GB 50235《工业金属管道工程施工规范》编制。

2. 布置要求

（1）管路加工厂布置在交通便利、平整、宽敞，排水通畅的位置。现场道路应平整、坚实，危险地点挂与风险匹配的标识牌。

（2）管路加工厂为封闭形式，采用轻钢结构设计，顶棚及墙壁上部区域采用透明彩钢瓦及蓝色彩钢屋互相间隔布置。

（3）现场的布置应符合防火、防爆等规定和文明施工的要求，施工现场的生产、仓库、材料堆放场、停车场等应科学合理布置。

（4）加工区应按照设备加工区、成品区、临时存放区、人行通道等进行区域设置。

（5）临时用电严格按照 JGJ 46《施工现场临时用电安全技术规范》规定执行。

（6）在外部醒目位置设置国家电网有限公司标识和压力钢管加工厂字样。

（7）根据实际需要，配备足够的消防器材。

（8）临时物料摆放区，应设置安全围栏和安全警示标识。

（9）管路加工厂按规范要求采取接地与防雷措施。

（10）地坪材质采用环氧地坪或金刚砂耐磨地坪。

3. 参考图例

管路加工厂全景示例图如图 3-99 所示，管路加工厂设备布置示例图如图 3-100 所示，管路加工厂自动化焊机示例图如图 3-101 所示，管路加工厂自动化焊机示例图如图 3-102 所示。

图 3-99　管路加工厂全景示例图

图 3-100　管路加工厂设备布置示例图

图 3-101　管路加工厂自动化焊机示例图

图 3-102　管路加工厂自动化焊机示例图

3.6.5　金属结构制作安装

1. 基本要求和管理措施

（1）金属结构制作应按照 DL/T 5017《水电水利工程压力钢管制造安装及验收规范》、SL 36《水工金属结构焊接通用技术条件》、NB/T 47013.1《承压设备无损检测　第 1 部分：通用要求》执行。

（2）金属结构制作、除锈喷涂、安装等场地应合理规划，施工区内各通道、防护设施、消防、安全警示标志等规范设置。

（3）搭设有载重要求的工作平台应由专业人员设计和专业队伍施工，经监理验收挂牌后方可投入使用；安装工作平台、挡板、支撑架、扶手、栏杆等应牢固稳定，临空边缘设有钢防护栏杆或铺设安全网等；吊装器具应检查合格后方可使用。

（4）焊接、油漆、涂装作业时应配备可靠消防器材，并设有明显的防火安全警告标志。

（5）喷砂除锈作业应设有独立的排风系统、除尘装置和防噪声等措施；油漆、涂装作业时涂料库房应配备相应消防器材，并设有明显的防火安全警告标志；工作现场应配置通风设备或温控装置。

（6）各类射线检测仪器配备相应的防护用具；现场 X 射线探伤作业时，应划定安全区域、设置明显的警告标志。

2. 参考图例

金属结构制作、安装示例图如图 3-103 所示，焊接孔口防护示例图如图 3-104 所示，金属结构制作防护用具示例图如图 3-105 所示，钢管网焊机示例图如图 3-106 所示，数控弯曲机操作示例图如图 3-107 所示，现代化数控机具示例图如图 3-108 所示。

图 3-103　金属结构制作、安装示例图

图 3-104　焊接孔口防护示例图

图 3-105　金属结构制作防护用具示例图

图 3-106　钢管网焊机示例图

图 3-107　数控弯曲机操作示例图

图 3-108　现代化数控机具示例图

第 4 章

个人安全防护用品

4.1 安全帽

1. 规范要求

本节依据 GB 2811《头部防护　安全帽》、GB/T 30041《头部防护　安全帽选用规范》编制。

2. 布置要求

（1）进入施工现场应按照要求正确佩戴安全帽。

（2）佩戴安全帽前应调整到合适位置，确保安全帽可靠佩戴。

（3）安全帽的质量和安全性符合现行国家标准，应有制造厂名称、商标、许可证号、检验部批量验证和检验合格证。

（4）安全帽应定期检查外观、出厂时间等信息，发现龟裂、下凹、裂痕和磨损等情况，应及时更换，不可继续使用。

（5）使用安全帽时应保持整洁，不可接触火源，不可任意涂刷。施工人员在现场作业中，不得将安全帽脱下，搁置一旁或当坐垫使用。如果丢失或损坏，应立即补发或更换。

（6）当安全帽配有附件时，应保证安全帽正常佩戴时的稳定性。安全帽应不影响安全帽的正常防护功能。

3. 尺寸及材质要求

产品采购，符合 GB 2811《头部防护　安全帽》、GB/T 30041《头部防护　安全帽选用规范》要求。

4. 参考图例

安全帽示例如图 4-1 所示。

图 4-1　安全帽示例图

4.2 防尘口罩

1. 规范要求

本节依据 GB/T 32610《日常防护型口罩技术规范》编制。

2. 布置要求

（1）粉尘区域除了安装通风、抽风设备等方法外，作业人员应同时配备符合国家标准的防尘口罩。

（2）作业人员应按要求佩戴防尘口罩，口、鼻完全与口罩的内壁密合，不能有缝隙，以防粉尘通过口鼻进入肺部。

（3）口罩出现破损，或呼吸阻力加大时，就应当更换。

3. 尺寸及材质要求

产品采购，符合 GB/T 32610《日常防护型口罩技术规范》要求。

4. 参考图例

防尘口罩示例图如图 4-2 所示。

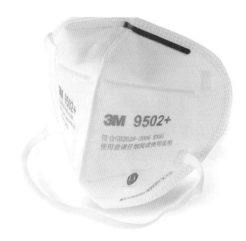

图 4-2　防尘口罩示例图

4.3 防毒面具

1. 规范要求

本节依据 GB/T 32610《日常防护型口罩技术规范》编制。

2. 布置要求

（1）适用于存在粉尘超标、有毒性气体的作业场所。

（2）定期对防毒面具的密封设施、整体完好性进行检查，使用期间定期更换过滤设施。

（3）定期检查防毒面具外观是否发生损坏。

3. 尺寸及材质要求

产品采购，符合 GB/T 32610《日常防护型口罩技术规范》要求。

4. 参考图例

防毒面具示例图如图 4-3 所示。

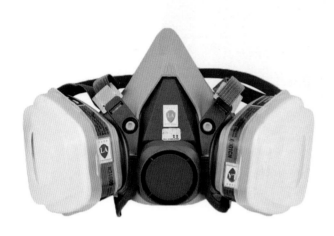

图 4-3　防毒面具示例图

4.4　防护眼镜

1. 规范要求

本节依据 GB 14866《个人用眼护具技术要求》编制。

2. 布置要求

（1）防尘眼镜适用于粉尘超标的作业场所，配合防护口罩使用。

（2）防化学腐蚀眼镜适用于有毒、有害的化学作业环境及混凝土灌浆作业等。

（3）防辐射眼镜适用于从事电焊、气焊及车间热处理的作业人员。

3. 尺寸及材质要求

产品采购，符合 GB 14866《个人用眼护具技术要求》。

4. 参考图例

防尘 / 防化学腐蚀眼镜示例图如图 4-4 所示，防辐射眼镜示例图如图 4-5 所示。

图 4-4　防尘 / 防化学腐蚀眼镜示例图

图 4-5　防辐射眼镜示例图

4.5　电焊面罩

1. 规范要求

本节依据 GB/T 3609.1《职业眼面部防护　焊接防护　第 1 部分：焊接防护具》编制。

2. 布置要求

（1）焊接作业时，应佩戴焊接面罩。根据作业环境，选择手持式或头盔式面罩。

（2）电焊面罩应及时进行检查和维护，不可使用不符要求的材料作为防护面罩。

3. 尺寸及材质要求

产品采购，符合 GB/T 3609.1《职业眼面部防护　焊接防护　第 1 部分：焊接防护具》要求。

4. 参考图例

手持式焊接面罩示例图如图 4-6 所示，头戴式焊接面罩示例图如图 4-7 所示。

图 4-6　手持式焊接面罩示例图　　　　　图 4-7　头戴式焊接面罩示例图

4.6　护耳器（耳塞、耳罩）

1. 规范要求

本节依据 GB/T 31422《个体防护装备　护听器的通用技术条件》编制。

2. 布置要求

（1）适用于钻孔、砂石料生产系统粉碎、筛分、机械切割、厂房等噪声较大区域作业人员。

（2）耳罩应与安全帽配合使用，宜安装在安全帽帽侧。

3. 尺寸及材质要求

产品采购，符合 GB/T 31422《个体防护装备　护听器的通用技术条件》要求。

4. 参考图例

防噪声耳塞、耳罩示例图如图 4-8 所示。

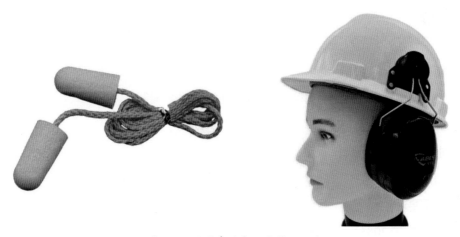

图 4-8　防噪声耳塞、耳罩示例图

4.7　防护手套

1. 规范要求

本节依据 GB/T 12624《手部防护　通用测试方法》编制。

2. 布置要求

（1）从事酸碱等腐蚀性作业人员、试验员、水下作业人员等应佩戴防腐防水手套。

（2）从事焊接、高温等作业人员应佩戴阻燃耐高温手套。

（3）电气作业人员应佩戴绝缘手套，特高压作业人员佩戴的绝缘手套应定期进行绝缘性能检查。

（4）使用车床、钻床、铣床和传送机或靠近机械转动部位时，严禁佩戴手套。

3. 尺寸及材质要求

产品采购，符合 GB/T 12624《手部防护　通用测试方法》要求。

4. 参考图例

防护手套示例图如图 4-9 所示。

图 4-9　防护手套示例图

4.8　反光背心

1. 规范要求

本节依据 GB 20653《防护服装　职业用高可视性警示服》编制。

2. 布置要求

（1）进入洞室、照明不足或夜间作业时应穿戴反光背心。

（2）施工单位应按规范要求正确佩戴，各级人员应穿戴不同样式的反光背心。

3. 尺寸及材质要求

产品采购，符合 GB 20653《防护服装　职业用高可视性警示服》要求。

4. 参考图例

反光背心示例图如图 4-10 所示。

图 4-10　反光背心示例图

4.9　高空水平移动防坠装置

1. 规范要求

本节依据 GB 38454《坠落防护　水平生命线装置》编制。

2. 布置要求

（1）在不具备安全带高挂低用的高空作业面上安装高空水平移动防坠落装置。

（2）为防止作业人员发生坠落，应明确每跨水平生命线只允许一人使用。当确实需要两人同时使用时，应在现有基础之上加强控制措施。

（3）水平生命线装置应确保与个人坠落防护装备配套，且正确相连后不会意外脱开。

（4）移动连接装置应能在导轨上顺畅滑动，且不应对导轨造成影响性能的损伤。

（5）防护设施施工完后根据现场安全风险，悬挂相应警示标识。

3. 尺寸及材质要求

产品采购，符合 GB 38454《坠落防护　水平生命线装置》要求。

4. 参考图例

高空水平移动防坠落装置示例图如图 4-11 所示。

图 4-11　高空水平移动防坠落装置示例图

4.10　安全自锁器

1. 规范要求

本节依据 GB 24542《坠落防护　带刚性导轨的自锁器》编制。

2.布置要求

（1）高处作业人员使用绳梯或钢直爬梯上下攀登时，应使用安全自锁器。

（2）应能保证自锁器至少可在导轨的一端安装或拆下。

（3）导轨应保证自锁器可以上下顺畅地运动，并防止自锁器意外脱落。

3.尺寸及材质要求

产品采购，符合 GB 24542《坠落防护　带刚性导轨的自锁器》要求。

4.参考图例

安全自锁器示例图如图 4-12 所示，安全自锁器应用示例图如图 4-13 所示。

图 4-12　安全自锁器示例图　　　　　　　图 4-13　安全自锁器应用示例图

4.11　防坠器

1.规范要求

本节依据 GB 24544《坠落防护　速差自控器》编制。

2.布置要求

（1）装置应有保险功能，避免无意操作。

（2）防坠器应有安全绳回收装置确保安全绳独立和自动地回收。

（3）防坠器应高挂低用，使用时应悬挂在使用者上方坚固钝边的结构物上。

（4）使用防坠器前应对安全绳外观进行检查，并试锁不少于 3 次。如有异常即停止使用。

（5）使用防坠器进行倾斜作业时，倾斜度不超过 30°，30°以上应考虑能否撞击到周围物体。

（6）防坠器关键零部件已做耐磨、耐腐蚀等处理，并经严密调试，使用时不需加润滑剂。

（7）防坠器严禁安全绳扭结使用，严禁拆卸改装，并应放在干燥少尘的地方。

3.尺寸及材质要求

产品采购，符合 GB 24544《坠落防护　速差自控器》要求。

4. 参考图例

防坠器示例图如图 4-14 所示。

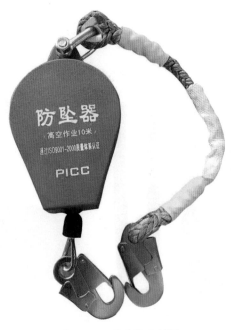

图 4-14　防坠器示例图

4.12　安全带和安全绳

1. 规范要求

本节依据 GB 6095《坠落防护　安全带》、GB 24543《坠落防护　安全绳》编制。

2. 布置要求

（1）安全带适用于高差为 1500mm 及以上，周围没有防护栏杆的作业场所或高处作业场所。

（2）安全带佩戴前进行检查，零部件不应产生织带撕裂、环类零件开口、绳断股、连接器打开、带扣松脱、缝线开裂、运动机构卡死等足以使零件失效的情况。

（3）安全绳适用于 5000mm 以上高度的高处作业。

（4）安全带、绳使用过程中不应打结，不应将安全绳用作悬吊绳。

（5）使用前和定期检查安全带、绳外观，有无老化、断开、变形、磨损等情况，发现破损的禁止使用；保险带、绳使用长度在 2000mm 以上的应加缓冲器。腰带和保险带、绳应有足够的机械强度，材质应有耐磨性，卡环（钩）应具有保险装置，操作应灵活。对作业人员，从胳膊和大腿进行四点固定，安全吊点集中于背部。

（6）安全带上应有检验与合格标签。

3. 尺寸及材质要求

产品采购，符合 GB 6095《坠落防护　安全带》、GB 24543《坠落防护　安全绳》要求。

4. 参考图例

安全带示例图如图 4-15 所示，安全绳示例图如图 4-16 所示。

图 4-15　安全带示例图　　　　　　　图 4-16　安全绳示例图

第 5 章

安全标识

5.1 设备及场所铭牌

1. 规范要求

本节依据 GB 2894《安全标志及其使用导则》编制。

2. 布置要求

（1）设备铭牌用于提示人员目前所处位置，根据参建施工单位实际情况确认配置场所。

（2）定期检查，对存在污损的铭牌进行清理与更换。

3. 尺寸要求

尺寸不小于 300mm（长）×200mm（宽）。

4. 材质及外观要求

面板采用 3mm 厚铝板制作，面板文字（或图画）贴膜为车身贴覆亚膜或优质保丽布，油墨喷绘。

5. 参考图例

设备及场所铭牌示例图如图 5-1 所示。

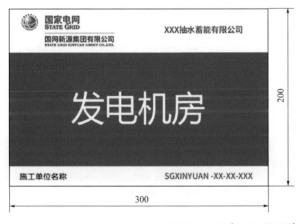
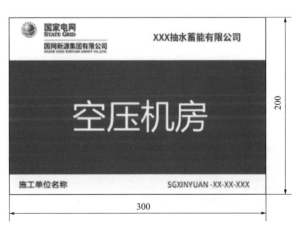

图 5-1　设备及场所铭牌示例图（一）（单位：mm）

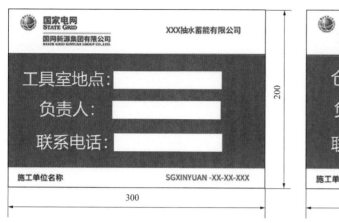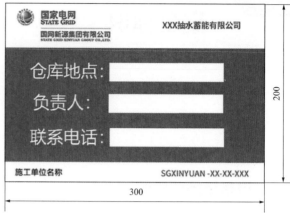

图 5-1　设备及场所铭牌示例图（二）（单位：mm）

5.2　区域风险警示牌

1. 规范要求

本节依据 GB 2894《安全标志及其使用导则》编制。

2. 布置要求

（1）区域风险警示牌用于提示人员目前所处位置涉及的风险，根据参建施工单位实际情况确认配置区域。

（2）定期检查，对存在污损的区域风险警示牌进行清理与更换。

3. 尺寸要求

尺寸不小于 300mm（长）×200mm（宽）。

4. 材质及外观要求

面板采用 3mm 厚铝板制作，面板文字（或图画）贴膜为车身贴覆亚膜或优质保丽布，油墨喷绘。

5. 参考图例

区域风险警示牌效果图如图 5-2 所示。

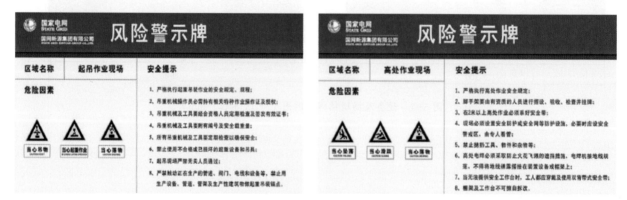

图 5-2　区域风险警示牌效果图

5.3　机械设备标识牌

1. 规范要求

本节依据 GB 2894《安全标志及其使用导则》、GB/T 26443《安全色和安全标志　安全标志的分类、性能和耐久性》、GB/T 2893.5《图形符号　安全色和安全标志　第 5 部分：安全标志使用原则与要求》编制。

2. 布置要求

（1）机械设备标识牌用于表明施工机械设备状态，分完好机械、待修机械及在修机械三种状态牌。

（2）机械设备标识牌应包括机械名称、规格能力、机械编号、检测时间等主要信息，便于施工人员及时获取设备信息。

（3）制作专用牌架安放或悬挂固定于相关设备设施上。

3. 尺寸要求

尺寸不小于 300mm（长）×200mm（宽）。

4. 材质要求

面板为 3mm 厚铝板，面板文字（或公司标）贴膜为优质保丽布，文字或图画喷绘应清晰。

5. 参考图例

机械设备标识牌示例图如图 5-3 所示。

图 5-3　机械设备标识牌示例图（单位：mm）

5.4　小型机具状态牌

1. 规范要求

本节为推荐采用，依据 GB/T 2893.1《图形符号　安全色和安全标志　第 1 部分：安全标志和安全标记的设计原则》和 DL/T 5370《水电水利工程施工通用安全技术规程》编制。

2. 布置要求

（1）小型机具状态牌布置于施工现场存放较多设备、机械、工器具的场所，用于明确施工现场设备、机械、工器具的状态，以避免混淆，规范其管理。

（2）小型机具状态牌一般分为运行、检修、待料、停机、封存五种。

（3）定期检查，对存在污损的状态牌进行更换。

3. 参考图例

小型机具状态牌示例图如图 5-4 所示。

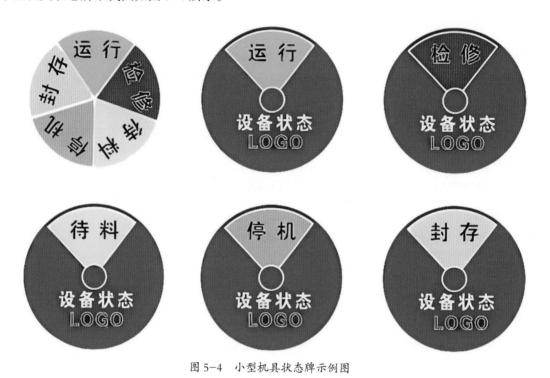

图 5-4　小型机具状态牌示例图

5.5　材料标识牌

1. 规范要求

本节依据 GB 2894《安全标志及其使用导则》、GB/T 26443《安全色和安全标志　安全标志的分类、性能和耐久性》、GB/T 2893.5《图形符号　安全色和安全标志　第 5 部分：安全标志使用原则与要求》编制。

2. 布置要求

（1）材料标识牌布置于需要对材料进行标识和分类的仓库、施工现场等区域。

（2）材料标识牌应包括名称、规格、检验状态等信息及二维码，便于施工人员及时获取材料信息。

（3）定期检查，对存在污损的材料标识牌进行更换。

3. 尺寸要求

尺寸不小于 300mm（长）×200mm（宽）。

4. 材质要求

面板为 3mm 厚铝板，面板文字（或公司标）贴膜为优质保丽布，文字或图画喷绘应清晰。

5. 参考图例

材料标识牌示例图如图 5-5 所示。

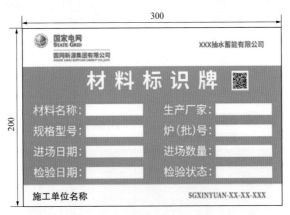

图 5-5　材料标识牌示例图（单位：mm）

5.6　脚手架标识牌

1. 规范要求

本节依据 GB 2894《安全标志及其使用导则》、GB/T 26443《安全色和安全标志　安全标志的分类、性能和耐久性》、GB/T 2893.5《图形符号　安全色和安全标志　第 5 部分：安全标志使用原则与要求》编制。

2. 布置要求

（1）脚手架标识牌适用于各类脚手架搭设部位，应悬挂于脚手架显眼处。

（2）脚手架搭设完毕后，施工单位应进行自检，自检合格后报监理验收，验收合格后在显著位置悬挂验收牌，承重脚手架应在明显位置张贴限载重量。

（3）制作专用牌架安放或悬挂固定于相关设施上。

（4）专人定期对脚手架检查，并对脚手架标识牌进行记录。

3. 尺寸要求

尺寸不少于 500mm（长）×400mm（宽）或根据实际情况进行调整。

4. 材质要求

面板为 3mm 厚铝板，面板文字（或公司标）贴膜为优质保丽布，文字或图画喷绘应清晰。

5. 参考图例

脚手架挂牌示例图如图 5-6 和图 5-7 所示。

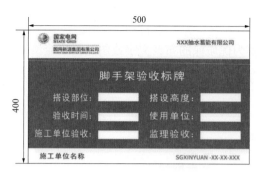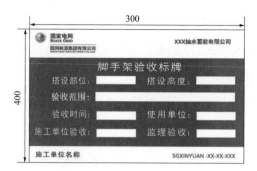

图 5-6　脚手架挂牌示例图（正面）（单位：mm）

图 5-7　脚手架挂牌示例图（反面）

5.7　洞内里程桩号灯箱

1. 规范要求

本节依据 GB 2894《安全标志及其使用导则》、GB/T 26443《安全色和安全标志　安全标志的分类、性能和耐久性》、GB/T 2893.5《图形符号　安全色和安全标志　第 5 部分：安全标志使用原则与要求》编制。

2. 布置要求

（1）洞内里程桩号灯箱布置于交通洞、通风兼安全洞等洞室内，用于标注洞内桩号，沿洞室方向每 50m 设置一个。

（2）定期检查，对存在污损的洞内里程桩号灯箱进行更换。

3. 尺寸要求

尺寸不少于 500mm（长）×200mm（宽），红色字体标注里程。

4. 材质要求

里程灯箱采用白色透光硬塑。

5. 参考图例

洞内里程桩号灯箱示例图如图 5-8 所示。

图 5-8　洞内里程桩号灯箱示例图

5.8　有限空间作业

1. 规范要求

本节依据 GB 8958《缺氧危险作业安全规程》、DL/T 1200《电力行业缺氧危险作业监测与防护技术规范》《有限空间作业安全指导手册》（应急厅函〔2020〕299 号）、《国家电网有限公司有限空间作业安全工作规定》编制。

2. 布置要求

（1）各参建单位应建立健全本单位有限空间作业安全责任、现场安全管理、作业审批、安全培训、应急管理等安全管理制度和安全操作规程并监督执行。

（2）有限空间出入口应保持畅通，现场设置临时围栏，并在醒目位置设置危险告知牌和悬挂安全警示标志及警示说明，夜间应设警示灯。

（3）各参建单位应根据有限空间作业环境、作业内容、存在危险有害因素的种类和危害程度，为作业人员配备足额的符合国家或者行业标准要求的检测仪器、通风装置、安全防护设备设施及应急救援装备等设施设备并教育监督作业人员正确佩戴与使用。

（4）应在有限空间作业场所的显著位置设置安全警示标志和安全告知牌，编制该有限空间的安全操作规程，对存在的危险因素和注意事项进行公示告知。

（5）应根据不同种类的有限空间编制相应的人员及物品进出登记表，可在有限空间进出处安装工业摄像头，自动识别进出人员和进出物品并辅助登记；有限空间现场应配备有限空间专用作业工具包或工具箱（柜），配置存放安全工器具、应急救援装备、安全操作规程、进出登记表等；有限空间可装设防误入报警装置，并在合适的位置装设防爆型含氧量在线监测装置。洞室应按规范要求采取接地。

3. 参考图例

有限空间示例图如图 5-9 所示，进入有限空间安全风险告知牌示例图如图 5-10 所示，围栏有限空间安全风险告知挂牌示例图如图 5-11 所示，有限空间警示标志示例图如图 5-12 所示。

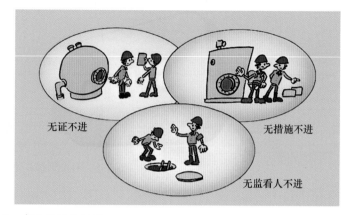

无证不进　　无措施不进　　无监看人不进

图 5-9　有限空间示例图

有限空间作业安全告知

严禁无关人员
进入有限空间

禁止入内

危险性

当心缺氧　　当心中毒　　当心爆炸

作业场所浓度要求

● 硫化氢
最高容许浓度10mg/m³（7ppm）
爆炸下限4.0%
● 氧含量
安全范围19.5%~23.5%
● 甲烷
爆炸极限5%~15%
● 一氧化碳
爆炸极限12.5%~74.2%
时间加权平均容许浓度20mg/m³（17ppm）

安全操作注意事项

一、必须严格执行作业审批制度，未经许可严禁入内。

二、必须设置专人监护，作业期间严禁擅离职守。

三、必须设置安全警示标识，未做好隔离严禁作业。

四、必须做到"先通风、再检测、后作业"，检测不合格严禁作业。

五、必须配备安全带、安全绳和呼吸防护等个体防护用品，未进行有效防护严禁作业。

六、必须对作业人员进行有限空间作业安全培训，培训不合格严禁上岗作业。

七、必须制定应急措施，现场配备应急装备，严禁盲目施救。

注意通风　　必须戴防毒面具　　高空作业必须系安全带

报警急救电话：119、120　　应急电话：

图 5-10　进入有限空间安全风险告知牌示例图

严禁无关人员
进入有限空间

禁止入内

危 险 性

当心缺氧　　当心中毒　　当心爆炸

作业场所浓度要求

● 硫化氢
作业场所最高容许浓度：10mg/m³
● 氧含量
空气中氧含量：不低于19.5%
● 甲烷
爆炸下限5%
● 一氧化碳
爆炸下限12.5%，作业场所最高
容许浓度：20mg/m³

报警电话：110
急救电话：120

安全操作注意事项

（一）严格执行作业审批制度，经作业负责人批准后方可作业。

（二）坚持先检测后作业的原则，在作业开始前，对危险有害因素浓度进行检测。

（三）必须采取充分的通风换气措施，确保整个作业期间处于安全受控状态。

（四）作业人员必须配备并使用安全带(绳)、隔离式呼吸保护器具等防护用品。

（五）必须安排监护人员。监护人员应密切监视作业状况，不得离岗。

（六）发现异常情况。应及时报警，严禁盲目施救。

注意通风　　必须戴防毒面具　　必须系安全带

图 5-11　围栏有限空间安全风险告知挂牌示例图

当心有害气体中毒　　当心坠落　　严禁隧道（井）内使用燃油设备　　注意通风

图 5-12　有限空间警示标志示例图

5.9　通用宣传牌

1. 规范要求

本节依据 AQ/T 9004《企业安全文化建设导则》、AQ/T 9005《企业安全文化建设评价准则》《电力安全文化建设指导意见》（国能发安全〔2020〕36 号）、《国家电网有限公司企业文化建设工作指引》等要求编制。

2. 布置要求

用于制作五牌一图（排序：工程概况牌、管理人员名单及监督电话牌、消防保卫牌、安全生产牌、文明施工牌、施工现场总平面图）、安全生产记录牌、爆破警告牌、反违章曝光牌、临时进洞作业人员显示牌、施工安全风险管控监督责任牌、高风险点辨识与预控措施牌、地下设施标志牌、隧道施工工序牌、二维码信息化标识牌等。

3. 尺寸要求

牌面尺寸比例不宜小于 16∶9，版面设计参考示例图。

4. 材质要求

不锈钢制作或根据现场实际情况进行制作。

5. 参考图例

通用宣传牌示例图如图 5-13 所示，五牌一图排序示例图如图 5-14 所示。

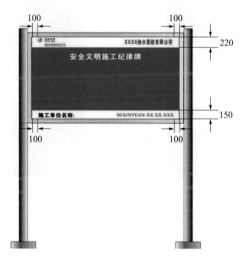

图 5-13　通用宣传牌示例图（单位：mm）

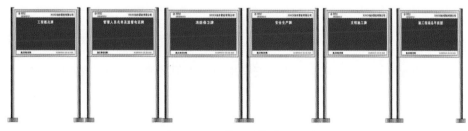

图 5-14　五牌一图排序示例图

5.10 安全责任牌、操作规程牌

1. 规范要求

本节依据 AQ/T 9004《企业安全文化建设导则》、AQ/T 9005《企业安全文化建设评价准则》《电力安全文化建设指导意见》（国能发安全〔2020〕36号）、《国家电网有限公司企业文化建设工作指引》等要求编制。

2. 布置要求

安全责任牌布置于各重点作业区域，用于明确区域负责人、区域安全责任人、联系方式及职责等信息；操作规程牌设置于需明确机械设备操作流程及注意事项的区域。

3. 尺寸要求

尺寸不少于 800mm（长）× 1000mm（高）。

4. 材质要求

（1）20mm×20mm 方钢龙骨架或镀锌钢。

（2）2A 布精喷画面。

5. 参考图例

安全责任牌示例图如图 5–15 所示，操作规程牌示例图如图 5–16 所示。

图 5–15 安全责任牌示例图（单位：mm）　　　图 5–16 操作规程牌示例图（单位：mm）

5.11 应急处置卡

1. 规范要求

本节依据 GB/T 29639《生产经营单位生产安全事故应急预案编制导则》编制。

2. 布置要求

设置于人眼视线观测显著位置，用于明确设备突发或异常情况下的处理事项，确保设备安全及正常运行。

3. 尺寸要求

尺寸不少于 800mm（长）× 1000mm（高）。

4. 材质及外观要求

面板采用 3mm 厚铝板制作，面板文字（或图画）贴膜为车身贴覆亚膜或优质保丽布，油墨喷绘。

5. 参考图例

应急处置卡示例图如图 5-17 所示。

图 5-17　应急处置卡示例图（单位：mm）

6.1　禁止标志

1. 规范要求

本节依据 GB 2894《安全标志及其使用导则》编制。

2. 布置要求

禁止标志适用于有危险的场所，禁止人员做出某种动作或不安全的行为。

3. 尺寸要求

（1）禁止标志牌的基本形式是一长方形衬底牌，上方的圆形带斜杠的禁止标志，下方为矩形补充标志，图形上、中、下间隙，左右间隙相等。中间线斜度 $\alpha=45°$。

（2）禁止标志牌的衬底为白色，圆形斜杠为红色（红 –M100　Y100），禁止标志符号为黑色（黑 – K100），补充标志为红底，字体为白色。

（3）根据现场情况采用甲、乙、丙或丁种规格（见图 6–1 和表 6–1），参数根据现场实际情况等比例缩放。

图 6–1　禁止标志牌制作参数图（单位：mm）

表 6-1 禁止标志牌制作参数表（单位：mm）

型号	H	H₁	H₂	W	W₁	D	D₁	C	α
甲	500	115	38	400	305	305	244	24	
乙	400	92	30	320	244	244	195	19	45°
丙	300	69	23	240	183	183	146	14	
丁	200	46	15	160	122	122	98	10	

注　甲、乙、丙、丁是指现场禁止标志牌的型号，施工单位根据现场情况选择相应型号标志牌尺寸，允许有3%
的误差。若甲乙丙丁型号均不满足要求，则进行等比例缩放后制作。

4. 材质要求

采用 3mm 铝板做底；发光、丝网印刷做面。

5. 参考图例

禁止标志牌标准色示例图如图 6-2 所示。

图 6-2　禁止标志牌标准色示例图

1—新源公司标识；2—项目公司名称；3—新源公司英文缩写；
4—项目公司英文简称；5—工程主要部位缩写；6—安全设施分类号

6.2 警告标志

1. 规范要求

本节依据 GB 2894《安全标志及其使用导则》编制。

2. 布置要求

警告标志适用于有危险的场所，提醒人员对周围环境引起注意，以避免可能出现的危害。

3. 尺寸要求

（1）警告标志牌的基本形式是一长方形衬底牌，上方是正三角形警告标志，下方为矩形补充标志，图形上、中、下间隙相等，如图 6-3 所示。

图 6-3　警告标志牌制作参数图（单位：mm）

（2）警告标志牌的长方形衬底为白色，正三角形及标志符号为黑色（黑 -K100），衬底为黄色（黄 -Y100），矩阵形补充标志为黑框，字体为黑色，白色衬底，如图 6-4 所示。

（3）根据现场情况采用甲、乙、丙或丁种规格（见表 6-2），参数根据现场实际情况等比例缩放。

表 6-2　　　　　　　　　警告标志牌制作参数表（单位：mm）

型号	H	H_1	H_2	H_3	W	W_1
甲	500	215	115	38	400	305
乙	400	170	92	30	320	244
丙	300	130	69	23	240	183
丁	200	85	46	15	160	122

注　甲、乙、丙、丁是指现场警告标志牌的型号，施工单位根据现场情况选择相应型号标志牌尺寸，允许有 3% 的误差。若甲乙丙丁型号均不满足要求，则进行等比例缩放后制作。

4. 材质要求

采用 3mm 铝板做底；发光、丝网印刷做面。

5. 参考图例

警告标志牌标准色示例图如图 6-4 所示。

图 6-4　警告标志牌标准色示例图

1—新源公司标识；2—项目公司名称；3—新源公司英文缩写；
4—项目公司英文简称；5—工程主要部位缩写；6—安全设施分类号

6.3　指令标志

1. 规范要求

本节依据 GB 2894《安全标志及其使用导则》编制。

2. 布置要求

指令标志适用于需强制人员做出某种动作或采取防范措施的场所。

3. 尺寸要求

（1）指令标志牌的基本形式是一长方形衬底牌，上方是圆形的指令标志，下方为矩形补充标志，图形上、中、下间隙，左右间隙相等，如图 6-5 所示。

图 6-5　指令标志牌制作参数图（单位：mm）

（2）指令标志牌的衬底为白色，圆形衬底色为蓝色（蓝 –C100），标志符号为白色，矩形补充标志为蓝色，字体为白色。

（3）根据现场情况采用甲、乙、丙或丁种规格（见表 6-3），参数根据现场实际情况等比例缩放。

表 6-3　　　　　　　　　指令标志牌制作参数表（单位：mm）

型号	H	H_1	H_2	W	W_1	D
甲	500	115	38	400	305	305
乙	400	92	30	320	244	244
丙	300	69	23	240	183	183
丁	200	46	15	160	122	122

注　甲、乙、丙、丁是指现场指令标志牌的型号，施工单位根据现场情况选择相应型号标志牌尺寸，允许有 3% 的误差。若甲乙丙丁型号均不满足要求，则进行等比例缩放后制作。

4. 材质要求

采用 3mm 铝板做底；发光、丝网印刷做面。

5. 参考图例

指令标志牌标准色示例图如图 6-6 所示。

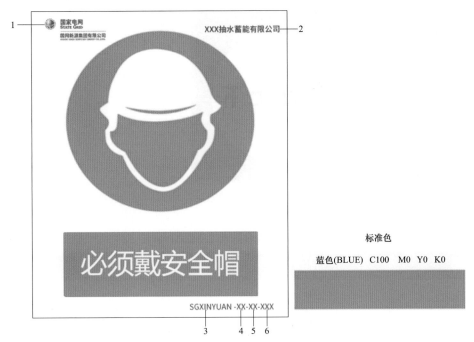

图 6-6　指令标志牌标准色示例图

1—新源公司标识；2—项目公司名称；3—新源公司英文缩写；
4—项目公司英文简称；5—工程主要部位缩写；6—安全设施分类号

6.4　提示标志

1. 规范要求

本节依据 GB 2894《安全标志及其使用导则》编制。

2. 布置要求

提示标志适用于提供人员某种信息的场所（如标明安全设施或场所等）。

3. 尺寸要求

（1）提示标志牌的基本形式是正方形衬底牌，内为圆形提示标志，四周间隙相等，如图 6-6 所示。

（2）提示标志牌圆形为白色，字体为黑体黑色字，衬底色为绿色，如图 6-7 所示。

（3）根据现场情况采用甲、乙、丙或丁种规格（见表 6-4），参数根据现场实际情况等比例缩放。

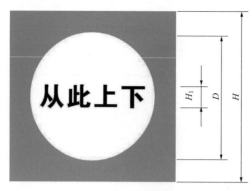

图 6-7　提示标志牌制作参数图（单位：mm）

表 6-4　　　　　　　　　　　　　　　提示标志牌制作参数表（单位：mm）

型号	H	H_1	D
甲	250	36	200
乙	150	22	120
丙	80	12	65

注　甲、乙、丙是指现场提示标志牌的型号，施工单位根据现场情况选择相应型号标志牌尺寸，允许有 3% 的误差。若甲乙丙型号均不满足要求，则进行等比例缩放后制作。

4. 材质要求

采用 3mm 铝板做底；发光、丝网印刷做面。

5. 参考图例

提示标志牌标准色示例图如图 6-8 所示。

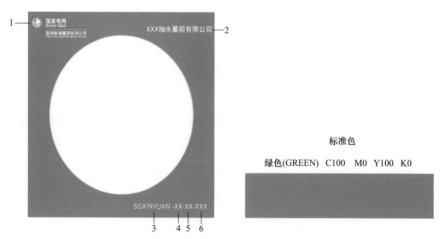

图 6-8　提示标志牌标准色示例图

1—新源公司标识；2—项目公司名称；3—新源公司英文缩写；
4—项目公司英文简称；5—工程主要部位缩写；6—安全设施分类号

6.5 导向箭头标志

1.规范要求

本节依据 GB 2894《安全标志及其使用导则》编制。

2.布置要求

设置在需要提供方向指引的场所，箭头方向根据实际情况进行更新调整。

3.尺寸要求

（1）导向箭头标志的基本形式是矩形衬底牌，衬底为绿色，图形标志及文字为白色。

（2）导向箭头标志为 200mm 尺寸的正方形。

4.材质要求

采用 3mm 铝板做底；发光、丝网印刷做面。

5.参考图例

提示箭头标志示例图如图 6-9 所示。

图 6-9　提示箭头标志示例图（单位：mm）

6.6 紧急出口标志

1.规范要求

本节依据 GB 2894《安全标志及其使用导则》编制。

2.布置要求

设置在需要提供方向指引的场所，箭头方向根据实际情况进行更新调整。

3.尺寸要求

紧急出口标志的基本形式是三个大小不等的小矩形拼接的矩形衬底牌，衬底为绿色，图形标志及文字为白色，字体为黑体白色字。紧急出口标志制作尺寸示例图如图 6-10 所示。

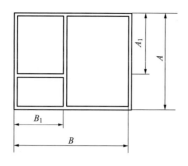

各类	B	A	B_1	A_1
甲	500	400	200	250
乙	350	300	140	150

图 6-10　紧急出口标志制作尺寸示例图（单位：mm）

4. 材质要求

采用 3mm 铝板做底；发光、丝网印刷做面。

5. 参考图例

紧急出口标志示例图如图 6-11 所示。

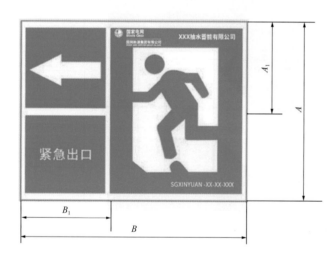

图 6-11　紧急出口标志示例图

6.7　从此跨越标志

1. 规范要求

本节依据 GB 2894《安全标志及其使用导则》要求编制。

2. 布置要求

设置在需要通过楼梯跨越的场所的楼梯边。

3. 尺寸要求

从此跨越标志的基本形式是矩形衬底牌，衬底为绿色，图形标志及文字为白色，尺寸大小根据实际需要设置。

4. 材质要求

采用 3mm 铝板做底；发光、丝网印刷做面。

5. 参考图例

从此跨越标志示例图如图 6-12 所示。

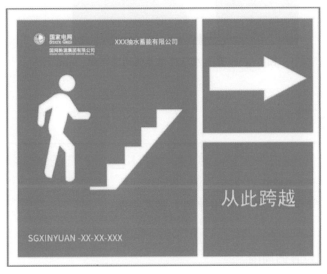

图 6-12　从此跨越标志示例图

6.8　紧急洗眼水标志

1. 规范要求

本节依据 GB 2894《安全标志及其使用导则》要求编制。

2. 布置要求

（1）设置在有接触酸、碱和有机物等有毒有害物质的场所。

（2）安装在离事故易发地 10s 内可达的清洁区域（同一楼面），且通道内无障碍物。

3. 尺寸要求

边长不少于 250mm 的正方形。

4. 材质要求

采用 3mm 铝板做底；发光、丝网印刷做面。

5. 参考图例

紧急洗眼标志示例图如图 6-13 所示。

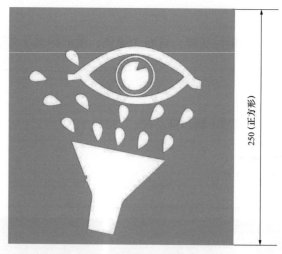

图 6-13　紧急洗眼标志示例图（单位：mm）

6.9　急救药箱标志

1. 规范要求

本节依据 GB 2894《安全标志及其使用导则》要求编制。

2. 布置要求

设置在急救药箱放置位置的周围。

3. 尺寸要求

边长不小于 150mm 的正方形。

4. 材质要求

采用 3mm 铝板做底；发光、丝网印刷做面。

5. 参考图例

急救药箱标志示例图如图 6-14 所示。

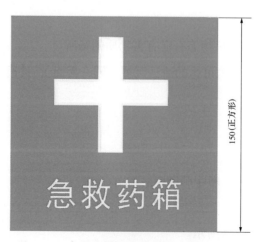

图 6-14　急救药箱标志示例图（单位：mm）

6.10　地线接地端标志

1. 规范要求

本节依据 GB 2894《安全标志及其使用导则》编制。

2. 布置要求

设置在地线接地端接地附近位置。

3. 尺寸要求

接地线标志为正三角形，字为黑色、黑体字。边长 A 和黑色边框的宽度由各参建施工单位结合实际情况确认。

4. 材质要求

采用 3mm 铝板做底；发光、丝网印刷做面。

5. 参考图例

地线接地端标志示例图如图 6-15 所示。

图 6-15　地线接地端标志示例图

6.11　安全标志宣传挂图

1. 规范要求

本节依据 GB/T 2893.1《图形符号　安全色和安全标志　第 1 部分：安全标志和安全标记的设计原则》和 DL/T 5370《水电水利工程施工通用安全技术规程》编制。

2. 布置要求

悬挂在施工生活区域醒目位置，或张贴于安全宣传警示教育室、对外宣传栏等区域。

3. 尺寸要求

挂图尺寸 800mm（宽）×1000mm（高）。

4. 材质要求

室内墙面张贴挂图采用油光纸印刷；室内或室外墙面悬挂挂图采用 KT 板，表面丝网印刷；室外墙面张贴挂图采用高清写真防水布印刷。

5. 参考图例

安全标志宣传挂图示例图如图 6-16 所示。

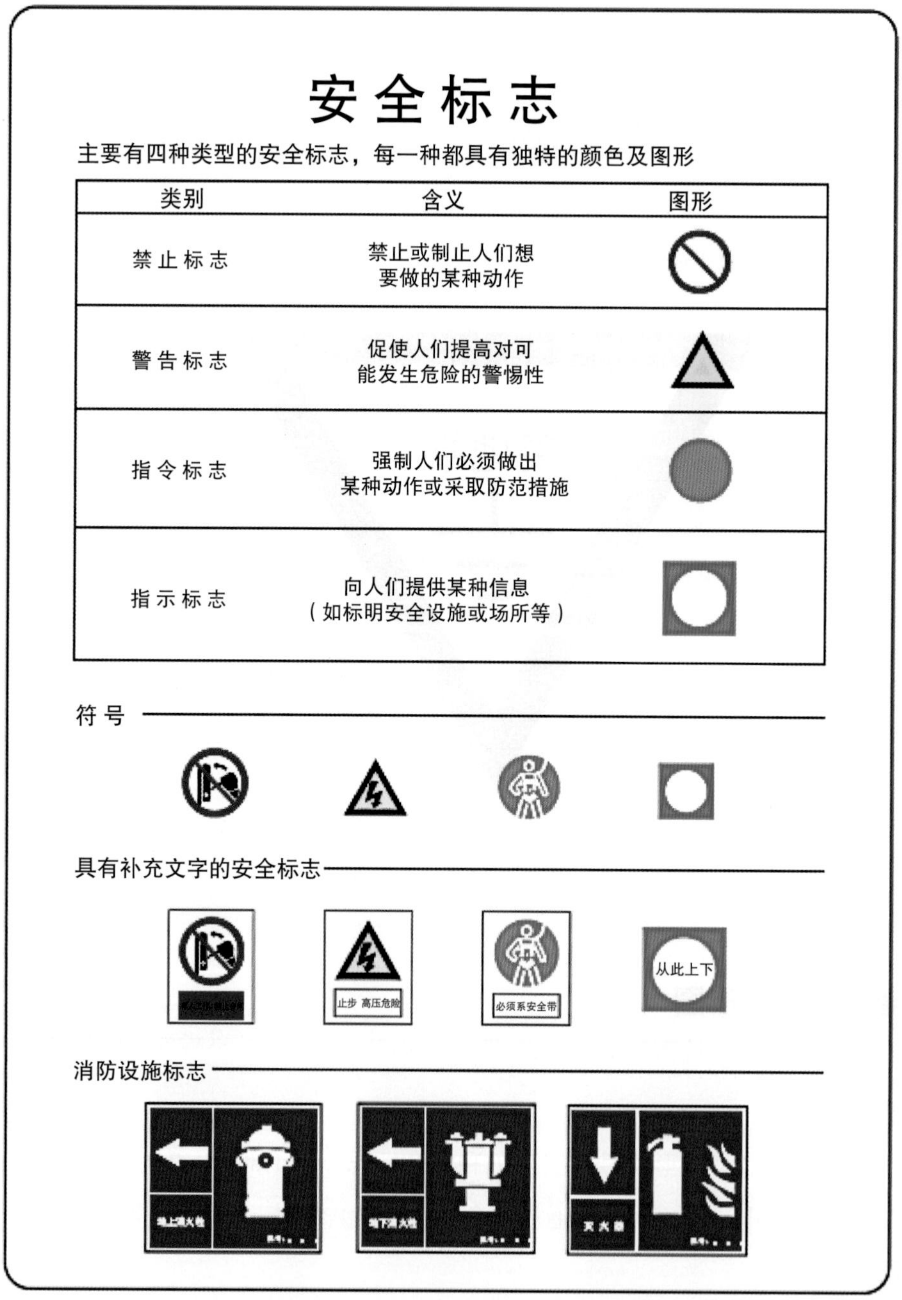

图 6-16　安全标志宣传挂图示例图

第 7 章

安全警示线

7.1 禁止阻塞线

1. 规范要求

本节依据 GB 2894《安全标志及其使用导则》编制。

2. 布置要求

（1）禁止阻塞线布置于地下设施入口盖板上、消防器材存放处、防火重点部位进出通道口、应急通道出入口、厂房通道旁的配电室、仓库门口、电源盘前、其他禁止阻塞物体或区域前。

（2）禁止阻塞线的作用是禁止在相应设备前（上）停放物体。

3. 尺寸要求

禁止阻塞线采用由左下向右上侧呈 45°，黄色与黑色相间的等宽条纹，宽度为 50 ~ 150mm，长度不小于禁止阻塞物 1.1 倍，宽度不小于禁止阻塞物 1.5 倍。

4. 材质要求

黄色划线漆，条件允许情况下设置荧光禁止阻塞线，避免因断电发生意外事故。

5. 参考图例

粘贴式与刷漆式禁止阻塞线示例图如图 7-1 所示。

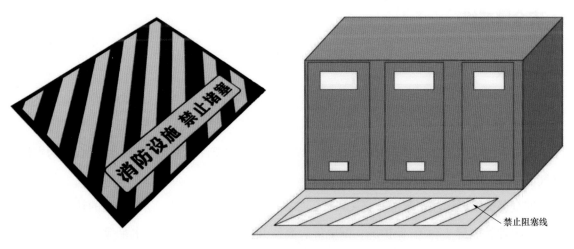

图 7-1 粘贴式与刷漆式禁止阻塞线示例图

7.2 减速提示线

1. 规范要求

本节主要依据 GB 2894《安全标志及其使用导则》编制。

2. 布置要求

减速提示线布置于限速区域入口处、弯道、交叉口处等区域。

3. 尺寸要求

减速提示线一般采用由左下向右上侧呈 45°，黄色与黑色相间的等宽条纹，宽度为 200mm。可采用减速带代替减速提示线；也可采用单条减速垫。

4. 材质要求

（1）黄色和黑色划线漆。

（2）条件允许情况下设置荧光减速提示线，避免因断电发生意外事故。

5. 参考图例

减速提示带示例图如图 7-2 所示。

图 7-2　减速提示带示例图

7.3 安全警戒线

1. 规范要求

本节依据 GB 2894《安全标志及其使用导则》编制。

2. 布置要求

（1）安全警戒线用于界定和分隔危险区域，以提醒人员需要注意避免误碰、触运行中的主机、辅机和电气设备等。

（2）安全警戒线可标注在弯道、交叉口处。如发电机组、汽轮机组、落地安装的转动机械、压力容器、压力容器控制屏（台）、保护屏、配电屏、高压开关柜、调速器、给水泵等主、辅设备等设备周围或其他可能造成人员伤害、误碰设备威胁安全运行的区域。

3. 尺寸要求

（1）线宽 100 ～ 150mm，警戒线至屏面的距离可根据实际情况进行调整。

（2）一般情况，发电机组周围距离为 1000mm；落地安装的转动机械周围（800mm）；控制盘（台）前 800mm；配电盘（屏）前 800mm。

4. 材质要求

（1）采用黄色油漆涂刷，线宽度为 50 ～ 150mm。

（2）条件允许的情况下设置荧光安全警戒线，避免因断电发生意外事故。

5. 参考图例

安全警戒线示例图如图 7-3 和图 7-4 所示。

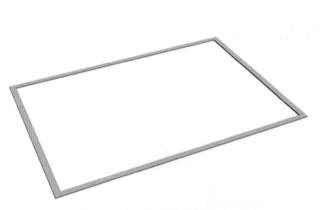

图 7-3　安全警戒线示例图（一）

图 7-4　安全警戒线示例图（二）

7.4　防止踏空线

1. 规范要求

本节依据 GB 2894《安全标志及其使用导则》编制。

2. 布置要求

（1）防止踏空线的作用是提醒作业人员注意通道上的高度落差。

（2）防止踏空线主要标注于通道有落差的场所（如楼梯等）。

（3）标注于上、下楼梯第一级台阶上；或人行通道高差 300mm 及以上的边缘处。

3. 尺寸要求

100 ～ 150mm 等宽黄线。

4. 材质要求

（1）黄色油漆。

（2）条件允许下设置荧光安全警戒线或防滑磨砂材质，避免因断电发生意外事故。

5. 参考图例

防止踏空线示例图如图 7-5 和图 7-6 所示。

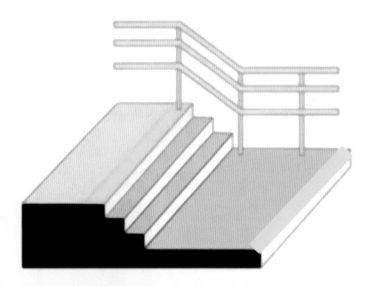

图 7-5　防止踏空线示例图（一）

图 7-6　防止踏空线示例图（二）

7.5　防止碰头线

1. 规范要求

本节依据 GB 2894《安全标志及其使用导则》编制。

2. 布置要求

（1）防止碰头线的作用是提醒人员注意通道空间内的障碍物，警示通道空间或边缘有设备、设施。

（2）防止碰头线标志设置在现场各类管道、横梁、构架等底部距地面净高小于 1800mm 时。

（3）2000mm 以下可设置防护棉。

3. 尺寸要求

防止碰头线采用由左下向右上侧呈 45° 黄色与黑色相间的等宽条纹，宽度为 100mm。

4. 材质要求

（1）黄色及黑色线漆。

（2）条件允许的情况下设置荧光防止碰头线，避免因断电发生意外事故。

5. 参考图例

防止碰头线示例图如图 7-7 和图 7-8 所示。

图 7-7　防止碰头线示例图（一）　　　　　　图 7-8　防止碰头线示例图（二）

7.6　防止绊跤线

1. 规范要求

本节依据 GB 2894《安全标志及其使用导则》编制。

2. 布置要求

（1）防止绊跤线作用是提醒作业人员注意地面障碍物，避免发生人身事故 / 事件。

（2）防止绊跤线标注在人行通道地面上高度差 300mm 以上的管线或其他障碍物上，以及落地管道、台阶、其他容易造成人员绊跤的障碍物上。

3. 尺寸要求

防止绊跤线采用由左下向右上侧呈 45° 黄色与黑色间隔的等宽条纹，宽度为 100mm。

4. 材质要求

（1）黄色及黑色线漆。

（2）条件允许的情况下设置荧光防止绊跤线，避免因断电发生意外事故。

5. 参考图例

防止绊跤线示例图如图 7-9 和图 7-10 所示。

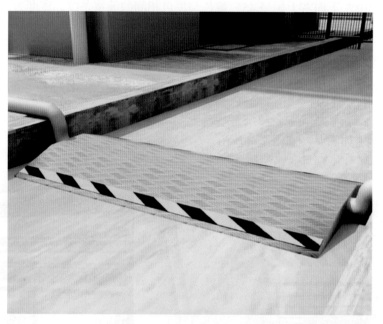

图 7-9　防止绊跤线示例图（一）

图 7-10　防止绊跤线示例图（二）

7.7　防止碰撞线

1. 规范要求

本节依据 GB 2894《安全标志及其使用导则》编制。

2. 布置要求

（1）防止碰撞线是提醒作业人员注意地面易发生碰撞物品，避免发生人身伤害。

（2）防止碰撞标识标注于柱子上、大门入口等容易发生碰撞的地方。

3. 尺寸要求

防止碰撞标识采用由左下向右上侧呈 45° 黄色与黑色相间的等宽条纹，宽度为 50 ~ 150mm（圆柱体采用无斜角环形条纹）。

4. 材质要求

（1）黄色及黑色线漆。

（2）条件允许的情况下设置荧光防止碰撞标识，避免因断电发生意外事故。

5. 参考图例

防止碰撞标识示例图如图 7-11 所示。

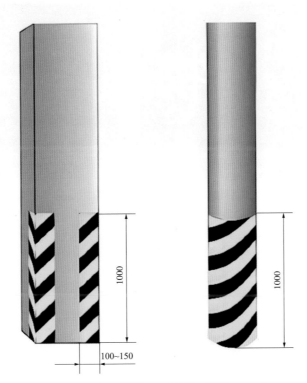

图 7-11　防止碰撞标识示例图（单位：mm）

7.8　地面定置线

1. 规范要求

本节依据 GB 2894《安全标志及其使用导则》编制。

2. 布置要求

地面定置线设置于特定物品或设施的位置，沿物品或设施的四周标注，用于规范设施的摆放位置。

3. 尺寸要求

线条宽 100mm，物品距离划线的距离为 300 ～ 500mm。

4. 材质要求

（1）黄色油漆。

（2）条件允许的情况下设置荧光防止碰撞标识，避免因断电发生意外事故。

5. 参考图例

地面定置线效果如图 7-12 所示。

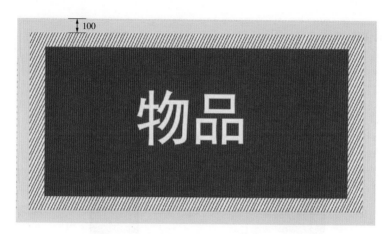

图 7-12　地面定置线效果（单位：mm）

安全标志制作规范

A.1 安全标志的种类划分

安全标志主要分为警告标志、禁止标志、指令标志和提示标志四大类型。

A.2 安全标志的设置规范

（1）安全标志所用的颜色、图形符号、几何形状、文字，标志牌的材质、表面质量、衬边及型号选用、设置高度、使用要求，应符合 GB 2894《安全标志及其使用导则》的规定。

（2）安全标志应设置在与安全有关的明显地方，并保证人们有足够的时间注意其所表示的内容。

（3）设立于某一特定位置的安全标志应安装牢固，保证其自身不会产生危险，所有的标志均应具有坚实的结构。

（4）当安全标志被置于墙壁或其他现存的结构上时，背景色应与标志上的主色形成对比色。

（5）多个标志在一起设置时，应按照警告、禁止、指令、提示的顺序，先左后右、先上后下地排列，且应避免出现相互矛盾、重复的现象。也可以根据实际，使用多重标志。

（6）安全标志牌的固定方式分为附着式、悬挂式和柱式三类，附着式和悬挂式的固定应稳固不倾斜，柱式的标志牌和支架应连接牢固。临时标志牌应采取防止脱落、移位措施。室外悬挂的临时标志牌应防止被风吹翻，宜做成双面的标志牌。

A.3 安全标志牌的使用要求

（1）安全标志牌应设在与安全有关场所的醒目位置，并与生产现场危险因素相关，便于进入现场的人员发现，并有足够的时间来注意其所表达的内容。环境信息标志宜设在有关场所的入口处和醒目处；局部信息应设在所涉及的相应危险地点或设备（部件）的醒目处。

（2）安全标志牌设置的高度尽量与人的视线高度相一致，悬挂式和柱式的环境信息标志牌的下缘距地面的高度不宜小于 2m，局部信息标志牌的设置高度应视具体情况确定。安全标志牌的平面与视线夹角应接近 90°，观察者位于最大观察距离时，最小夹角不低于 75°。

（3）标志牌不应设在门、窗、架等可移动的物体上，以免标志牌随母体物体相应移动，会造成对标志观察变得模糊不清，影响认读。标志牌前不得放置妨碍认读的障碍物。

（4）安全标志牌的尺寸与观察距离的关系应符合 GB/T 2893.1《图形符号　安全色和安全标志　第1部分：安全标志和安全标记的设计原则》的规定，当安全标志牌的观察距离不能覆盖整个场所面积时，应设置多个安全标志牌。

（5）安全标志牌应定期检查，如发现破损、变形、褪色等不符合要求时，应及时修整或更换。修整或更换时，应有临时的标志替换。

（6）生产场所、构（建）筑物入口醒目位置，应根据内部设备、介质安全要求，按设置规范设置相应的安全标志牌，如"未经许可不得入内""禁止烟火""必须戴安全帽"等。

（7）各设备室入口，应根据内部设备、电压等级等具体情况，在醒目位置按设置规范设置相应的安全标志牌。如中央控制室、继电保护室、通信室、自动装置室应设置"未经许可不得入内""禁止烟火"；继电保护室、自动装置室应设置"禁止开启无线移动通信设备"；高压配电装置室应设置"未经许可不得入内""禁止烟火"；设备室、电缆夹层等区域应设置"禁止烟火""注意通风"等。

（8）生产现场存在典型危险点的部位应设置危险点警示牌。

多个标志牌设置顺序示例图如图 A-1 所示。

图 A-1　多个标志牌设置顺序示例图

安全标志设置说明

本附录依据 GB 2894《安全标志及其使用导则》编制。

安全标志附着式设置时，底边距地面 1500mm 高，悬挂式和柱式的环境信息标志牌下缘距地面的高度不宜小于 2000mm，局部信息标志的设置高度应视具体情况确定，其中，标志种类代号 HJ 为环境信息标志，JB 为局部信息标志。

B.1 禁止标志

常用禁止类标志牌设置位置见表 B-1。

表 B-1   常用禁止标志牌设置位置

编号	禁止标志牌	名称	标志牌种类	设置范围和地点
B1-1		禁止伸入	HJ	设备传动部位、带电设备、冷热部位等区域
B1-2		禁止转动	HJ	设备法兰开关、阀门开关、设备转动部件等区域
B1-3		禁止堆放	HJ	电力设施下方以及近处，消防器材存放处，消防通道、安全通道、吊物通道等区域

编号	禁止标志牌	名称	标志牌种类	设置范围和地点
B1-4	 禁止吸烟	禁止吸烟	HJ	规定禁止吸烟的场所
B1-5	 禁止烟火	禁止烟火	HJ	主控制室、继电保护室、蓄电池室、通信室、计算机室、自动装置室、变压器室、配电装置室、检修、试验工作场所、电缆夹层、竖井、隧道入口、易燃易爆品存放点、油库（油处理室）、加油站等处。设置此标志后可不设"禁止吸烟"标志
B1-6	 禁止带火种	禁止带火种	HJ	油库（油处理室）、储存易燃易爆物品仓库。设置此标志后可不设"禁止烟火"和"禁止吸烟"标志
B1-7	 禁止用水灭火	禁止用水灭火	HJ	变压器室、配电装置室、继电保护室、通信室、静止变频装置（SFC）室、自动装置室、油库等处（有隔离油源设施的室内油浸设备除外）
B1-8	 禁止放易燃物	禁止放易燃物	HJ	具有明火装置或高温的作业场所，如动火区、各种焊接、切割场所
B1-9	 禁止合闸	禁止合闸	JB	控制室内已停电检修（施工）设备的电源开关或合闸按钮上；已停电检修（施工）的断路器和隔离开关的操作把手上。控制屏上的标识牌可根据实际需要制作，可以只有文字，没有图形

续表

编号	禁止标志牌	名称	标志牌种类	设置范围和地点
B1-10		禁止叉车和厂内机动车辆通行	HJ、JB	禁止叉车和其他厂内机动车辆通行的场所
B1-11		禁止靠近	JB	不允许靠近的危险区域,如高压试验区、高压线附近
B1-12		未经许可禁止入内	JB	易造成事故或对人员有伤害的场所。如主控室、网控室;计算机室、通信室、调度室、变电站、施工区域禁止外来人员出入口的门上以及各种污染源等入口处
B1-13		禁止停留	HJ	对人员具有直接危害的场所。如高处作业现场、危险路口、起重吊装作业现场等处
B1-14		禁止通行	HJ、JB	有危险的作业区域入口或安全遮栏等处,如起重、爆破作业现场
B1-15		禁止跨越	JB	不允许跨越的深坑(沟)、安全遮栏(围栏、护栏、围网)等处

编号	禁止标志牌	名称	标志牌种类	设置范围和地点
B1-16	禁止攀登	禁止攀登	JB	不允许攀爬的危险地点，如有坍塌危险的建筑物、构筑物、设备等处
B1-17	禁止依靠	禁止倚靠	JB	不能倚靠的地点或部位，如电梯轿门等、楼道旁栏杆
B1-18	禁止触摸	禁止触摸	JB	禁止触摸的设备或物体附近。如裸露的带电体、炽热物体、具有毒性、腐蚀性物体附近；禁止触摸的机电设备按钮、设备盘柜及重要的施工机械按钮或可能发生意外伤害的施工现场
B1-19	禁止抛物	禁止抛物	JB	交叉作业场所及抛物易伤人的地点，如高处作业现场、脚手架、高边坡支护作业、深沟（坑）处等
B1-20	禁止游泳	禁止游泳	JB	禁止游泳的区域，如水库、水渠、下游河道沿岸等处
B1-21	禁止钓鱼	禁止钓鱼	JB	禁止钓鱼的区域。如电站河道旁、水库等区域

续表

编号	禁止标志牌	名称	标志牌种类	设置范围和地点
B1-22	禁止启动	禁止启动	JB	暂停使用的设备附近，如设备检修、更换零件等
B1-23	禁止操作有人工作	禁止操作有人工作	JB	一经操作即可送压、建压或使设备转动的隔离设备的操作把手、控制按钮、启动按钮上
B1-24	禁止乘人	禁止乘人	JB	乘人易造成伤害的设施，如室外运输吊篮，禁止乘人的升降吊笼、升降机入口门旁，外操作的载货电梯框架等
B1-25	禁止戴手套	禁止戴手套	JB	钻床、车床、铣床等机加工设备旁醒目位置
B1-26	禁止使用无线电通信	禁止使用无线电通信	JB	易发生火灾、爆炸场所以及可能产生电磁干扰的场所，如继电保护室、自动装置室和加油站、油库以及其他需要禁止使用的地方

B.2 警告标志

常用警告标志牌设置位置见表 B-2。

表 B-2   常用警告标志牌设置位置

编号	警告标志牌	名称	标志牌种类	设置范围和地点
B2-1	⚠ 注意安全	注意安全	HJ、JB	易造成伤害的场所及设备等区域
B2-2	注意防尘	注意防尘	HJ、JB	产生粉尘的作业场所
B2-3	当心铁屑伤人	当心铁屑伤人	HJ、JB	机械加工场所
B2-4	当心有毒气体	当心有毒气体	HJ、JB	出线开关室、施工期油漆存放地址等会产生有毒物质场所的入口处、存储剧毒物品的容器上或场所外的显眼位置
B2-5	当心火灾	当心火灾	HJ、JB	易发生火灾的危险场所，如木工加工厂、仓库存储区、材料堆放区、油库、氧气乙炔存放区等重点防火部位周围；可燃性物质的生产、储运、使用等地点
B2-6	当心爆炸	当心爆炸	HJ、JB	易发生爆炸危险的场所，如易燃易爆物质的存储、使用或受压容器等地点

编号	警告标志牌	名称	标志牌种类	设置范围和地点
B2-7		当心腐蚀	HJ、JB	存放和装卸酸、碱等腐蚀物品的场所；装有酸、碱等腐蚀物品的容器上
B2-8		当心中毒	HJ、JB	出线开关室、施工期油漆存放地址等会产生有毒物质场所的入口处、存储剧毒物品的容器上或场所外的显眼位置
B2-9		当心触电	JB	有可能发生触电危险的电气设备和线路，如变电站、出线场、配电装置室、变压器室等入口，开关柜，变压器柜，临时电源配电箱门，检修电源箱门等处
B2-10		止步高压危险	JB	带电设备固定围栏上；高压危险禁止通行的过道上；室外带电设备构架上；室外工作地点的安全围栏上；室外带电设备固定围栏上；因高压危险禁止通行的过道上；工作地点临近带电设备的横梁上
B2-11		当心机械伤人	JB	易发生机械卷入、轧压、碾压、剪切等机械伤害的作业地点
B2-12		当心塌方	HJ、JB	有塌方危险的区域，如堤坝、边坡及土方作业的深坑、深槽等处

编号	警告标志牌	名称	标志牌种类	设置范围和地点
B2-13	当心坑洞	当心坑洞	JB	施工或生产现场和通道临时开启或挖掘的孔洞四周的围栏等处，如施工期坑洼不平路段行人较多地段、电梯井口等
B2-14	当心落物	当心落物	JB	易发生落物危险的地点，如厂房起重、高处作业、地质条件不稳定的洞室及立体交叉作业的下方等处
B2-15	当心碰头	当心碰头	JB	易产生碰头风险的场所
B2-16	当心烫伤	当心烫伤	JB	具有热源易造成伤害的作业地点
B2-17	当心车辆	当心车辆	JB	施工或生产场所内车、人混合行走的路段，道路的拐角处、平交路口，车辆出入较多的厂房、停车场、场所出入口等处
B2-18	当心坠落	当心坠落	JB	易发生坠落事故的作业地点，如脚手架、高处平台、地面的深沟（池、槽）等处

编号	警告标志牌	名称	标志牌种类	设置范围和地点
B2-19		当心滑跌	JB	易造成伤害的滑跌地点，如地面有油、冰、水等物质及滑坡处
B2-20		当心落水	JB	落水后可能产生淹溺的场所或部位，如水库、消防水池、施工区域积水坑洞、坑槽等
B2-21		当心电离辐射	HJ、JB	产生辐射危害的场所，放射源、放射源存放点和使用放射源进行金属探伤作业的现场周围
B2-22		当心冒顶	JB	有冒顶危险的区域，如地下洞室顶拱，尤指经勘查存在不利地质构造且地下水丰富区域
B2-23		当心吊物	JB	有吊装设备作业的场所，如施工工地塔机、门式起重机、桥式起重机、起重机、汽车吊、机电安装阶段厂房安装间等处
B2-24		当心飞溅	JB	焊接切割作业、钢筋切割机、砂轮打磨作业周围

编号	警告标志牌	名称	标志牌种类	设置范围和地点
B2-25	 **当心有限空间**	当心有限空间	JB	标志应设置在有限空间入口处的醒目位置，避免人员的误入及给予需进入作业的人员足够的警醒提示。当存在多个入口时，应在每一个入口处分别设置有限空间警告标志

B.3 指令标志

常用指令标志牌设置位置见表 B-3。

表 B-3   常用指令标志牌设置位置

编号	指令标志牌	名称	标志牌种类	设置范围和地点
B3-1	**必须持证上岗**	必须持证上岗	HJ、JB	电焊作业、起重机作业、高处作业等特种作业区域
B3-2	**必须穿防护服**	必须穿防护服	HJ、JB	具有放射、微波、高温及其他需穿防护服的作业场所
B3-3	**必须戴防护眼镜**	必须戴防护眼镜	HJ、JB	车床、钻床、砂轮机旁；焊接和金属切割场所等区域；化学处理、使用腐蚀或其他有害物质的场所

编号	指令标志牌	名称	标志牌种类	设置范围和地点
B3-4	必须戴安全帽	必须戴安全帽	HJ	生产场所主要通道入口处，以及起重吊装处等
B3-5	必须系安全带	必须系安全带	HJ、JB	易发生坠落危险的作业场所，如在高处从事建筑、检修、安装等作业
B3-6	注意通风	注意通风	HJ、JB	作业涵洞、电缆隧道、地下硐室入口处；密闭工作入口；出线开关室、蓄电池室、油化实验室入口处及其他需要通风的地方；密闭空间作业或氧气浓度较低的区域
B3-7	必须戴防护手套	必须戴防护手套	HJ、JB	易伤害手部的作业场所，如具有腐蚀、污染、灼烫、冰冻及触电危险的作业等处
B3-8	必须戴防护帽	必须戴防护帽	HJ、JB	易造成人体碾绕伤害或有粉尘污染头部的作业场所，如旋转设备场所、加工车间入口等处

编号	指令标志牌	名称	标志牌种类	设置范围和地点
B3-9	必须戴护耳器	必须戴护耳器	HJ、JB	噪声超标的作业场所，例如空气压缩机室、户外或洞内钻孔作业
B3-10	必须戴防尘口罩	必须戴防尘口罩	HJ、JB	施工过程中易产生粉尘、烟尘等有害气体超标的场所，例如施工期地下厂房、主变压器洞、尾水洞、通风洞等区域
B3-11	必须戴防毒面具	必须戴防毒面具	HJ、JB	存在有毒气体区域或普通防尘口罩无法防护的区域

B.4　提示标志

常用提示标志牌设置位置见表 B-4。

表 B-4　　　　　　　　　　　　常用提示标志牌设置位置

编号	提示标志牌	名称	标志牌种类	设置范围和地点
B4-1		避险处	JB	发生突发事件时用于容纳危险区域疏散人员的场所，如回车场、洞室口、平地等区域

编号	提示标志牌	名称	标志牌种类	设置范围和地点
B4-2		急救药箱	JB	办公室、值班室、作业现场等场所
B4-3		可动火区	JB	划定的可使用明火的地点
B4-4		在此工作	JB	工作地点或检修设备上
B4-5		从此上下	JB	工作人员可以上下的通道、铁架、爬梯上
B4-6		从此进出	JB	工作地点遮拦的出入口处
B4-7		紧急出口	JB	便于安全疏散的紧急出口处

续表

编号	提示标志牌	名称	标志牌种类	设置范围和地点
B4-8		应急避难场所	HJ	发生突发事件时用于容纳危险区域疏散人员的场所，如回车场、洞室口等区域
B4-9		应急电话	JB	安装应急电话的地点

消防标志设置说明

本附录依据 GB 15630《消防安全标志设置要求》、GB 13495.1《消防安全标志　第 1 部分：标志》编制。

C.1　火灾报警装置标志

常用火灾报警装置标志设置位置见表 C-1。

表 C-1　　　　　　　　　　　　常用火灾报警装置标志设置位置

编号	图形标志	名称	设置范围和地点
C1-1		火警电话	标示火警电话的位置和号码，设置于火警电话附近醒目位置
C1-2		消防按钮	标示消防按钮位置，设置于消防按钮附近醒目位置
C1-3		消防电话	标示火灾警报系统中消防电话及插孔的位置，设置于消防电话附近的醒目位置
C1-4		发声警报器	标示发声警报器位置，设置于发声警报器附近醒目位置

C.2 紧急疏散逃生标志

常用紧急疏散逃生标志设置位置见表 C-2。

表 C-2　　　　　　　　　　　常用紧急疏散逃生标志设置位置

编号	图形标志	名称	设置范围和地点
C2-1		安全出口	提示通往安全场所的疏散出口，根据到达出口的方向，可选用向左或向右的标志
C2-2		滑动开门	提示滑动门的位置及方向，根据门的滑动方向，可选用向左或向右的标志

C.3 灭火设备标志

常用灭火设备标志设置位置见表 C-3。

表 C-3　　　　　　　　　　　　　常用灭火设备标志设置位置

编号	图形标志	名称	设置范围和地点
C3-1		推车式灭火器	标示推车式灭火器的位置
C3-2		手提式灭火器	标示手提式灭火器的位置
C3-3		地下消火栓	标示地下消火栓的位置
C3-4		地上消火栓	标示地上消火栓的位置

C.4　组合标志

现场常用的消防类组合标志包括但不限于表 C-4 所示类型。

表 C-4　　　　　　　　　　　　现场常用的消防类组合标志类型

编号	图形标志	名称	应用说明
C4-1		安全双出口	指示向左或者向右都可到达"安全出口"

编号	图形标志	名称	应用说明
C4-2		安全出口	指示安全出口在右方
C4-3		消防按钮	指示"消防按钮"在左方或者右方
C4-4		手提式灭火器	指示"手提式灭火器"在右方或左下方
C4-5		消防电话	指示"消防电话"在左方或者右方

C.5 其他常用消防标志

其他常用的消防标志包括但不限于表 C-5 所示类型。

表 C-5 　　　　　　　　　　　　其他常用消防标志类型

编号	图形标志	名称	设置范围和地点
C5-1	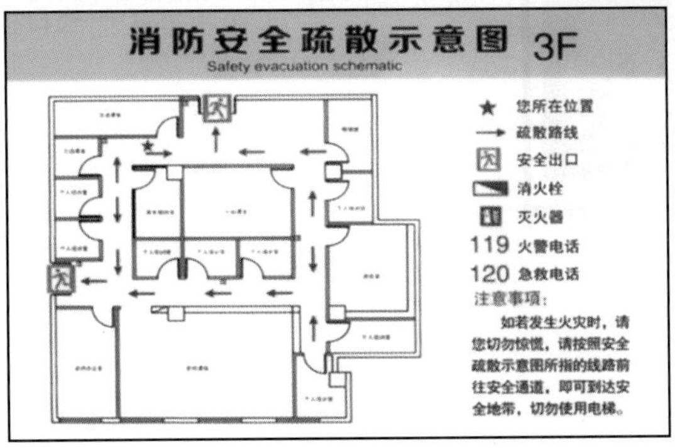	消防疏散图	生产区域通道转弯处、交叉路口、主要出入口等醒目位置
C5-2	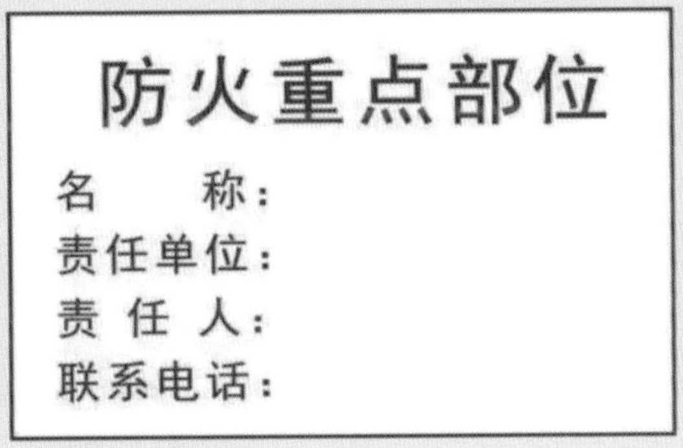	防火重点部位	防火重点部位旁醒目处
C5-3		常闭式防火门提示标语	常闭式防火门上醒目位置
C5-4	 	防火卷帘/火灾报警按钮	防火卷帘/火灾报警按钮旁醒目处

续表

编号	图形标志	名称	设置范围和地点
C5-5	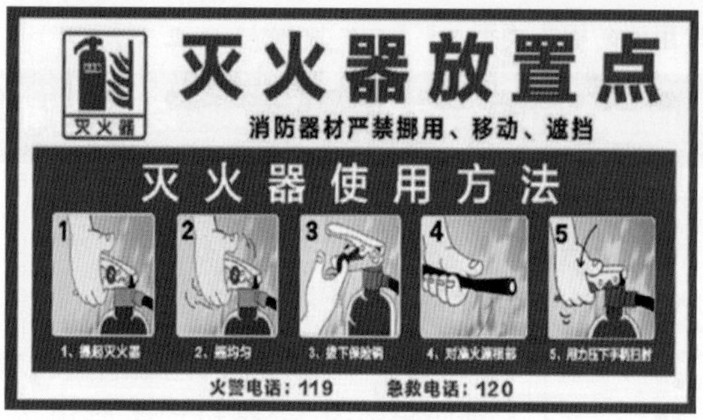	灭火器使用指引	灭火器正面醒目位置

交通标志宜用于施工临时或永久道路转弯地段、上下坡路段、道路与人行交叉口路段、环岛路段、临时道路边坡危险段、易滑路段、通过隧道口及桥梁路段、施工区域道路需绕行段、道路施工影响交通路段、道路分岔口段及其他需要提醒区域等。

常用道路交通标志参照 GB 5768.2《道路交通标志和标线　第 2 部分：道路交通标志》与电源建设相关的标识予以编制，图形禁令标志的直径最小不应小于 500mm，三角形禁令标志的边长最小不应小于 600mm，八角形对角线长度最小不应小于 500mm。

道路交通警告标志颜色为黄底、黑边、黑图案。形状为等边三角形，顶角朝上。

警告标志的尺寸示例如图 D-1 所示，其边长、边宽的最小值根据道路计算行车速度按表 D-1 选取。效果示例图如图 D-2 所示。

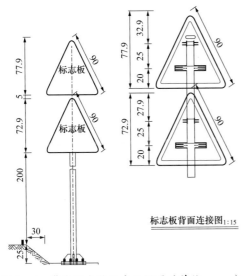

图 D-1　警告标志的尺寸示例图（单位：mm）

图 D-2　警告标志效果示例图

表 D-1　　　　　　　　　　　　　　不同行车速度时警告标志的尺寸

速度（km/h）	100 ～ 120	71 ～ 99	40 ～ 70	< 40
三角形变长 A（cm）	130	110	90	70
黑边宽度 B（cm）	9	8	6.5	5
黑边圆角半径 R（cm）	6	5	4	3
衬边宽度 C（cm）	1.0	0.8	0.6	0.4

D.1 警告标志

常用道路交通警告类标志包括但不限于表 D-2 所示类型。

表 D-2   常用道路交通警告类标志

编号	图形标志	名称	配置规范
D2-1		T 形交叉	T 字形标志原则上设在交叉口形状相符的道路上，此标志设在进入 T 字路口以前适当位置
D2-2		T 形交叉	T 字形标志原则上设在交叉口形状相符的道路上，右侧 T 字路口，此标志设在进入 T 字路口以前适当位置
D2-3		T 形交叉	T 字形标志原则上设在交叉口形状相符的道路上，左侧 T 字路口，此标志设在进入 T 字路口以前适当位置
D2-4		十字交叉	除了基本形十字路口，还有部分变异的十字路口，如五路交叉路口、变形十字路口、变形五路交叉路口等，五路以上的路口应按十字路口对待
D2-5		Y 形交叉	设在 Y 形路口以前的适当位置
D2-6		环形交叉	有的环形交叉路口，由于受线形限制或障碍物阻挡，此标志设在面对来车的路口的正面

编号	图形标志	名称	配置规范
D2–7		向右急转弯	向右急弯路标志，设在右急转弯的道路前方适当位置
D2–8		向左转弯	向左急弯路标志设在急转弯的道路前方适当位置
D2–9		反向弯路	此标志设在两个相邻的方向相反的弯路前适当位置
D2–10		连续弯路	此标志设在有连续三个以上弯路的道路以前适当的位置
D2–11		上陡坡	此标志设在纵坡度在 7% 和市区纵坡度在大于 4% 的陡坡道路坡脚位置
D2–12		两侧变窄	车行道两侧变窄主要指沿道路中心线对称缩窄的道路，此标志设在窄路前适当位置

编号	图形标志	名称	配置规范
D2-13		下陡坡	此标志设在纵坡度在 7% 和市区纵坡度在大于 4% 的陡坡道路坡顶位置
D2-14		左侧变窄	车行道左侧缩窄，此标志设在窄路以前适当位置
D2-15		右侧变窄	车行道右侧缩窄，此标志设在窄路以前适当位置
D2-16		窄桥	此标志设在桥面宽度小于路面宽度的窄桥以前适当位置
D2-17		双向交通	双向行驶的道路上，采用天然的或人工的隔离措施，把上下行交通完全分离，由于某种原因（施工、桥、隧道）形成无隔离的双向车道时，须设置此标志
D2-18		注意牲畜	此标志设在经常有牲畜活动的路段，特别是视线不良的路段，布置在路段前适当位置

编号	图形标志	名称	配置规范
D2-19		注意儿童	此标志设置在可能有儿童出现的场所或通道外
D2-20		注意行人	一般设置在郊外道路上划有人行横道的前方，城市道路上因人行横道线路较多，可根据实际需要设置
D2-21		注意信号灯	此标志设在不易发现前方位信号灯控制的路口前适当位置
D2-22		注意落石	此标志设置在左侧有落石危险的旁山路段之前适当位置
D2-23		注意落石	此标志设置在右侧有落石危险的旁山路段之前适当位置
D2-24		注意横风	此标志设在经常有很强的侧风并有必要引起注意的路段前适当位置

编号	图形标志	名称	配置规范
D2-25		傍山险路	此标志设在山区地势险要路段，道路右位于陡崖危险的路段以前的适当位置
D2-26		傍山险路	此标志设在山区地势险要路段，道路左侧位于陡崖危险的路段以前的适当位置
D2-27		易滑	此标志设置在路面的摩擦系统不能满足相应行驶速度下要求急刹车距离的路段前适当位置，行驶至此路段应减速慢行
D2-28		堤坝路	此标志设在沿水库、湖泊、河流等堤坝路以前适当位置，表示往前方向道路的左侧靠近水库、湖泊、河流等堤坝
D2-29		堤坝路	此标志设在沿水库、湖泊、河流等堤坝路以前适当位置，示往前方向道路的右侧靠近水库、湖泊、河流等堤坝
D2-30		村庄	此标志设在不易发现前方有村庄或小城镇的路段以前适当位置

续表

编号	图形标志	名称	配置规范
D2-31		路面不平	此标志设在路面不平的路段以前适当位置
D2-32		渡口	此标志设在汽车渡口以前适当位置，特别是有的渡口地形复杂、道路条件较差、使用此标志能引起驾驶员的谨慎驾驶、注意安全
D2-33		驼峰桥	此标志设在注意前方拱度较大，不易发现对方来车，应靠右侧行驶并应减速慢行
D2-34		隧道	此标志设在进入隧道前的适当位置
D2-35		慢行	此标志设在前方需要减速慢行的路段以前适当位置
D2-36		注意非机动车	此标志设在混合行驶的道路并经常有非机动车横穿、出入的地点以前适当位置

编号	图形标志	名称	配置规范
D2-37		事故易发路段	此标志设在交通事故易发路段以前适当位置
D2-38		过水路面	此标志设在不易发现的道口以前适当位置
D2-39		左右绕行	用以告示前方道路有障碍物，车辆应按标志指示减速慢行绕行通过
D2-40		左侧绕行	用以告示前方道路有障碍物，车辆应按标志指示减速慢行，左侧绕行通过
D2-41		右侧绕行	用以告示前方道路有障碍物，车辆应按标志指示减速慢行，右侧绕行通过
D2-42		注意危险	用以促使车辆驾驶员谨慎慢行

续表

编号	图形标志	名称	配置规范
D2-43		施工标志	用以告示前方道路施工，车辆应减速慢行或绕行

D.2　禁令标志

常用道路交通警告类标志包括但不限于表 D-3 所示类型。

表 D-3　　　　　　　　　　　　常用道路交通警告类标志

编号	图形标志	名称	配置规范
D3-1		禁止驶入	表示禁止车辆驶入，设置在禁止驶入的路段入口处
D3-2		禁止通行	表示禁止一切车辆和行人通行，设置在禁止通行的道路入口处
D3-3		禁止机动车通行	表示禁止某种机动车通行，设置在禁止机动车通行的路段出口

编号	图形标志	名称	配置规范
D3-4		禁止三轮机动车通行	表示禁止三轮机动车通行，设置在禁止三轮机动车通行的路段入口处
D3-5		禁止载货汽车通行	表示禁止载货汽车通行，设置在载货机动车通行的路段入口处
D3-6		禁止非机动车通行	表示禁止非机动车通行，设置在禁止非机动车通行的路段入口处
D3-7		禁止小型客车通行	表示禁止小型客车通行，设置在禁止小型客车通行的路段入口处
D3-8		禁止汽车拖行、挂车通行	表示禁止汽车拖、挂车通行，设置在禁止汽车拖、挂车通行的路段入口处

编号	图形标志	名称	配置规范
D3–9		禁止大型客车通行	表示禁止大型客车通行，设置在禁止大型客车通行的路段入口
D3–10		禁止畜力车通行	表示禁止畜力车通行，设置在禁止畜力车通行的路段入口处
D3–11		禁止人力货运三轮车通行	表示禁止人力货运三轮车通行，设置在禁止人力货运三轮车通行的路段入口处
D3–12		禁止人力车通行	表示禁止人力车通行，设置在禁止人力车通行的路段入口处
D3–13		禁止人力客运三轮车通行	表示禁止人力客运三轮车通行，设置在禁止人力客运三轮车通行的路段入口处

编号	图形标志	名称	配置规范
D3-14		禁止骑自行车下坡	表示禁止骑自行车下坡通行，设置在禁止骑自行车下坡通行的路段入口处
D3-15		禁止骑自行车上坡	表示禁止骑自行车上坡通行，设置在禁止骑自行车上坡通行的路段入口处
D3-16		禁止向左拐弯	表示前方路口禁止一切车辆向左转弯，设置在禁止向左转弯的路口前适当位置
D3-17		禁止行人通行	表示禁止行人通行，设置在禁止行人通行的路段入口处
D3-18		禁止直行	表示前方路口禁止一切车辆直行，设置在禁止直行的路口前适当位置

续表

编号	图形标志	名称	配置规范
D3-19		禁止向右转弯	表示前方路口禁止一切车辆向右转弯，设置在禁止向右转弯的路口前适当位置
D3-20		禁止掉头	表示前方路口禁止一切车辆掉头，设置在禁止掉头的路口前适当位置
D3-21		禁止直行和向左转弯	表示前方路口禁止一切车辆直行和向左转弯，设置在禁止直行和向左转弯的路口前适当位置
D3-22		禁止直行和向右转弯	表示前方路口禁止一切车辆直行和向右转弯，设置在禁止直行和向右转弯的路口前适当位置
D3-23		禁止向左向右转弯	表示前方路口禁止一切车辆向左或向右转弯，设置在禁止向左向右转弯的路口前适当位置

编号	图形标志	名称	配置规范
D3-24		禁止车辆临时或长时间停放	表示在限定的范围内，禁止一切车辆临时或长时间停放，设置在禁止车辆停放的地方，禁止车辆停放的时间、车种和范围可用辅助标志说明
D3-25		禁止车辆长时停放	禁止车辆长时间停放，临时停放不受限制，禁止车辆停放的时间、车种和范围可用辅助标志说明
D3-26		禁止超车	表示该标志至前方解除禁止超车标志的路段内，不准机动车超车，设置在禁止超车的路段起点
D3-27		结束禁止超车	表示禁止超车路段结束，设置在禁止超车的路段终点
D3-28		限制高度	表示禁止装载高度超过标志所示数值的车辆通行，设置在最大允许高度受限制的地方
D3-29		限制宽度	表示禁止装载宽度超过标志所示数值的车辆通行，设置在最大允许宽度受限制的地方

编号	图形标志	名称	配置规范
D3-30		禁止鸣喇叭	表示禁止鸣喇叭，设置在需要禁止鸣喇叭的地方，禁止鸣喇叭的时间和范围可用辅助标志说明
D3-31		限制质量	表示禁止总质量超过标志所示数值的车辆通行，设置在需要限制车辆质量的桥梁两端
D3-32		限制轴重	表示禁止轴重超过标志所示数值的车辆通行，设置在需要限制车辆轴重的桥梁两端
D3-33		限制速度	表示该标志至前方限制速度标志的路段内，机动车行驶速度不得超过标志所示数值，此标志设置在需要限制车辆速度路段的起点
D3-34		解除限制速度	表示限制速度路段结束，此标志设在限制车辆速度路段的终点
D3-35		减速让行	表示车辆应减速让行，告知车辆驾驶人应慢行或停车，观察干道行车情况，设于视线良好交叉道路次要道路路口

编号	图形标志	名称	配置规范
D3-36		停车让行	表示车辆应在停车线外停车，确认安全后，才准许通行。通车让行标志在下列情况下设置：①与交通流量较大的干路平交的支路路口；②无人看守的铁路道口；③其他地方
D3-37		停车检查	表示机动车应停车接受检查，此标志设在关卡将近处，以便要求车辆接受检查或缴费等手续，标志中可加注说明检查事项
D3-38		会车让行	表示车辆会车时，应停车让对方车先行，设置在会车有困难的狭窄路段的一端或由于某种原因只能开放一条车道作双向通行路段的一端

D.3 指示标志

常用道路交通警告类标志包括但不限于表 D-4 所示类型。

表 D-4　　　　　　　　　　　常用道路交通警告类标志

编号	图形标志	名称	配置规范
D4-1		直行	表示只准一切车辆直行，设置在直行的路口以前适当位置

续表

编号	图形标志	名称	配置规范
D4-2		向右转弯	表示只准车辆向右转弯，设置在车辆应向右转弯的路口以前适当位置
D4-3		向左转弯	表示只准车辆向左转弯，设置在车辆应向左转弯的路口以前适当位置
D4-4		直行和左转弯	表示只准一切车辆直行和向左转弯，设置在车辆应直行和向左转弯的路口以前适当位置
D4-5		直行和右转弯	表示只准一切车辆直行和向右转弯，设置在车辆应直行和向右转弯的路口以前适当位置
D4-6		向左和向右转弯	表示只准一切车辆向左或向右转弯，设置在车辆应向左或向右转弯的路口以前适当位置
D4-7		靠左侧道路行驶	表示只准一切车辆靠左侧道路行驶，设置在车辆应靠左侧行驶的路口以前适当位置

编号	图形标志	名称	配置规范
D4-8		靠右侧道路行驶	表示只准一切车辆靠右侧道路行驶，设置在车辆应靠右侧行驶的路口以前适当位置
D4-9		步行	表示该街道只供步行，设置在步行道路的两端
D4-10		立交直行和右转弯行驶	车辆在立交处可以直行或按图示路线右转弯行驶，设置在立交右转弯出口适当位置
D4-11		环岛行驶	表示只准车辆靠右环行，设置在环岛面向路口来车方向适当位置
D4-12		立交直行和左转弯行驶	车辆在立交处可以直行或按图示路线左转弯行驶，设置在立交左转弯出口适当位置
D4-13		鸣喇叭	机动车行至该标志处应鸣喇叭，设在公路不良路段的起点

编号	图形标志	名称	配置规范
D4-14		最低限速	机动车驶入前方道路之最低时速限制,设置在高速公路或其他道路限速路段的起点
D4-15		单行路向左或右指示标志	一切车辆向左或右单向行驶,设置在单行路的路口和入口处适当位置
D4-16		单行道直行	表示一切车辆单行行驶,设置在单行道的路口和入口处的适当位置
D4-17		人行横道	表示车道的行驶方向,设置在导向车道以前适当位置
D4-18		会车先行	表示会车先行,此标志设在车道以前适当位置
D4-19		干路先行	表示干路先行,此标志设在车道以前适当位置

编号	图形标志	名称	配置规范
D4-20		右转车道	表示车道的行驶方向，设置在导向车道以前适当位置
D4-21		直行车道	表示车道的行驶方向，设置在导向车道以前适当位置
D4-22		直行和右转合用车道	表示车道的行驶方向，设置在导向车道以前适当位置
D4-23		分向行驶车道	表示车道的行驶方向，设置在导向车道以前适当位置
D4-24		允许掉头	表示允许掉头，设置在机动车掉头路段的起点和路口以前适当位置
D4-25		机动车车道	表示该道路或车道专供机动车行驶，设置在道路或车道的起点及交叉路口入口处前适当位置

续表

编号	图形标志	名称	配置规范
D4-26		非机动车行驶	表示非机动车行驶,设置在道路或车道的起点及交叉路口入口处前适当位置
D4-27		非机动车行驶	表示该路段或车道专供非机动车行驶,设置在道路或车道的起点及交叉路口处前适当位置
D4-28		机动车行驶	表示机动车行驶,设置在道路或车道的起点及交叉路口入口处前适当位置

本书在编制过程中，参考并引用现行法律法规、规程规范见表 E-1。

表 E-1   引用文件

序号	引用文件
一、法律法规	
1	《中华人民共和国特种设备安全法》
2	《特种设备现场安全监察条例》
3	《中华人民共和国国旗法》
二、规程规范	
1	GB 4053.1《固定式钢梯及平台安全要求　第 1 部分：钢直梯》
2	GB 4053.3《固定式钢梯及平台安全要求　第 3 部分：工业防护栏杆及钢平台》
3	GB 50057《建筑物防雷设计规范》
4	GB 4053.2《固定式钢梯及平台安全要求　第 2 部分：钢斜梯》
5	GB 50205《钢结构工程施工质量验收标准》
6	GB 55023《施工脚手架通用规范》
7	GB 15831《钢管脚手架扣件》
8	GB 50720《建设工程施工现场消防安全技术规范》
9	GB 13495.1《消防安全标志　第 1 部分：标志》
10	GB 50140《建筑灭火器配置设计规范》
11	GB 50014《室外排水设计标准》
12	GB 55012《生活垃圾处理处置工程项目规范》
13	GB 22207《容积式空气压缩机　安全要求》
14	GB/T 10892《固定的空气压缩机　安全规则和操作规程》
15	GB 15578《电阻焊机的安全要求》
16	GB 2894《安全标志及其使用导则》
17	GB 2811《头部防护　安全帽》
18	GB 14866《个人用眼护具技术要求》

续表

序号	引用文件
19	GB 20653《防护服装　职业用高可视性警示服》
20	GB 38454《坠落防护　水平生命线装置》
21	GB 24542《坠落防护　带刚性导轨的自锁器》
22	GB 24544《坠落防护　速差自控器》
23	GB 6095《坠落防护　安全带》
24	GB 24543《坠落防护　安全绳》
25	GB 5725《安全网》
26	GB 5768.2《道路交通标志和标线　第 2 部分：道路交通标志》
27	GB 20181《矿井提升机和矿用提升绞车　安全要求》
28	GB 50235—2010《工业金属管道工程施工规范》
29	GB 50016《建筑设计防火规范》
30	GB 7956《消防车　第 1 部分：通用技术条件》
31	GB 8958《缺氧危险作业安全规程》
32	GB 50194《建设工程施工现场供用电安全规范》
33	GB/T 17217《公共厕所卫生规范》
34	GB/T 14405《通用桥式起重机》
35	GB/T 14406《通用门式起重机》
36	GB/T 17889.1《梯子　第 1 部分：术语、型式和功能尺寸》
37	GB/T 1955《建筑卷扬机》
38	GB/T 20118《钢丝绳通用技术条件》
39	GB/T 25684.6《土方机械　安全　第 6 部分：自卸车的要求》
40	GB/T 13004《钢质无缝气瓶定期检验与评定》
41	GB/T 13075《钢质焊接气瓶定期检验与评定》
42	GB/T 34525《气瓶搬运、装卸、储存和使用安全规定》
43	GB/T 22682《直向砂轮机》
44	GB/T 3883.311《手持式、可移式电动工具和园林工具的安全　第 311 部分：可移式型材切割机的专用要求》
45	GB/T 38196《建筑施工机械与设备　地面切割机　安全要求》
46	GB/T 3787《手持式电动工具的管理、使用、检查和维修安全技术规程》

续表

序号	引用文件
47	GB/T 7251.1《低压成套开关设备和控制设备　第 1 部分：总则》
48	GB/T 13539.1《低压熔断器　第 1 部分：基本要求》
49	GB/T 38176《建筑施工机械与设备　钢筋加工机械　安全要求》
50	GB/T 2893.1《图形符号　安全色和安全标志　第 1 部分：安全标志和安全标记的设计原则》
51	GB/T 26443《安全色和安全标志　安全标志的分类、性能和耐久性》
52	GB/T 2893.5《图形符号　安全色和安全标志　第 5 部分：安全标志使用原则与要求》
53	GB/T 29639《生产经营单位生产安全事故应急预案编制导则》
54	GB/T 32610《日常防护型口罩技术规范》
55	GB/T 3609.1《职业眼面部防护　焊接防护　第 1 部分：焊接防护具》
56	GB/T 31422《个体防护装备　护听器的通用技术条件》
57	GB/T 30041《头部防护　安全帽选用规范》
58	GB/T 12624《手部防护　通用测试方法》
59	GB/T 17467《高压—低压预装式变电站》
60	DL 5162《水电水利工程施工安全防护设施技术规范》
61	DL 5009.2《电力建设安全工作规程　第 2 部分：电力线路》
62	DL 5027《电力设备典型消防规程》
63	DL/T 5262《水电水利工程施工机械安全操作规程　推土机》
64	DL/T 5263《水电水利工程施工机械安全操作规程　装载机》
65	DL/T 5261《水电水利工程施工机械安全操作规程　挖掘机》
66	DL/T 5370《水电水利工程施工通用安全技术规程》
67	DL/T 5813《水电水利工程施工机械安全操作规程　隧洞衬砌钢模台车》
68	DL/T 5407《水电水利工程竖井斜井施工规范》
69	DL/T 5017《水电水利工程压力钢管制造安装及验收规范》
70	DL/T 5372《水电水利工程金属结构与机电设备安装安全技术规程》
71	DL/T 5373《水电水利工程施工作业人员安全操作规程》
72	DL/T 5371《水电水利工程土建施工安全技术规程》
73	DL/T 5250《汽车起重机安全操作规程》
74	DL/T 572《电力变压器运行规程》
75	DL/T 1200《电力行业缺氧危险作业监测与防护技术规范》

续表

序号	引用文件
76	JB 8799《砂轮机　安全防护技术条件》
77	SL 36《水工金属结构焊接通用技术条件》
78	JGJ 130《建筑施工扣件式钢管脚手架安全技术规范》
79	JGJ 196《建筑施工塔式起重机安装、使用、拆卸安全技术规程》
80	JGJ 215《建筑施工升降机安装、使用、拆卸安全技术规程》
81	JGJ 46《施工现场临时用电安全技术规范》
82	JGJ 65《液压滑动模板施工安全技术规程》
83	AQ 7005《木工机械　安全使用要求》
84	AQ/T 9004《企业安全文化建设导则》
85	AQ/T 9005《企业安全文化建设评价准则》
86	QC/T 54《洒水车》
87	QC/T 719《高空作业车》
88	CJJ 184《餐厨垃圾处理技术规范》
89	CJ/T 280《塑料垃圾桶通用技术条件》
90	CJJ/T 134《建筑垃圾处理技术标准》
91	NB/T 47013.1《承压设备无损检测　第 1 部分：通用要求》
92	TSG 23《气瓶安全技术规程》
93	TSG 08《特种设备使用管理规则》
94	TSG 21《固定式压力容器安全技术监察规程》
95	《电力安全文化建设指导意见》（国能发安全〔2020〕36 号）
96	《有限空间作业安全指导手册》（应急厅函〔2020〕299 号）

注　如有更新，以最新的版本为准。